親子で楽しく学ぶ！
マインクラフト プログラミング

Tech Kids School [著]
株式会社キャデック [編・著]

本書内容に関するお問い合わせについて

本書に関するご質問、正誤表については、下記のWebサイトをご参照ください。
　正誤表　　　　http://www.shoeisha.co.jp/book/errata/
　刊行物Q&A　　http://www.shoeisha.co.jp/book/qa/

インターネットをご利用でない場合は、FAXまたは郵便で、下記にお問い合わせください。
　〒160-0006　東京都新宿区舟町5
　（株）翔泳社 愛読者サービスセンター
　FAX番号：03-5362-3818

電話でのご質問は、お受けしておりません。

※本書に記載されたURL等は予告なく変更される場合があります。
※本書の出版にあたっては正確な記述につとめましたが、著者や出版社などのいずれも、本書の内容に対してなんらかの保証をするものではなく、内容やサンプルに基づくいかなる運用結果に関しても一切の責任を負いません。
※本書に掲載されているサンプルプログラム、および実行結果を記した画面イメージなどは、特定の設定に基づいた環境にて再現される一例です。
※本書はMojang社の以下のガイドラインにしたがって刊行しています。本書の刊行を可能にしたこのガイドラインに感謝いたします。
　URL https://account.mojang.com/documents/brand_guidelines
※本書はMinecraft公式製品ではありません。本書の内容は、著者が自身で調べて執筆したもので、Mojang社から承認されておらず、Mojang社およびNotch氏とは関係ありません。
※MINECRAFTは、Mojang Synergies ABの商標または登録商標です。
※Microsoft、Windowsは米Microsoft Corporationの米国およびその他の国における登録商標です。
※そのほか本書に記載されている会社名、製品名はそれぞれ各社の商標および登録商標です。
※本書の内容は、2017年1月執筆時点のものです。

ステートメント
やりたいことを見つけ、実現しよう

　近年、子供を対象としたプログラミング教育への社会的な関心が高まっています。小学生の子をもつ保護者を対象とした「子供に習わせたい習い事」のアンケート調査でプログラミングがランキング上位に入るなど、子供の習い事の新定番として人気が集まっており、TVや新聞などでも見かける機会が増えてきました。私たちの運営している小学生向けプログラミングスクール「Tech Kids School」の生徒数も年々増加しており、いまでは開講当初の20倍以上に増加しています。

　子供向けプログラミング教育に注目が集まる1つの背景として、世界のさまざまな国でプログラミングが必修化されていることが挙げられます。たとえば、世界一の教育大国と言われるフィンランドでは、2016年から小学校でプログラミングが必修となりました。イギリス（イングランド）でも、2014年9月からプログラミングが5歳以上の全ての子供に必修となっているほか、アメリカでも、オバマ大統領（当時）は「ビデオゲームを買う代わりに、自分で作ってみよう」と述べて、プログラミングなどコンピューターサイエンス教育を推進していく方針を表明しました。そして日本でも、2020年から小学校でプログラミング学習を必修化する方針がすでに決定しています。

　テクノロジーの進歩により、私たちの生活や社会は大変便利で豊かになりました。スマートフォンやインターネットは、もはや私たちの生活に欠かせない存在となっています。技術進歩のスピードは加速度的に速くなっており、10年後、20年後には、これまで人間が担ってきた様々な仕事をコンピューター（人工知能）やロボットが代替して行う時代が来ると言われています。お子さんが成長されて社会に出るときに、ITの重要性がいまよりももっと高まっていることに、疑いの余地はありません。

私たちの便利な生活を支えているしくみ、すなわち、コンピューターがうごくしくみや、コンピューターを制御する技術であるプログラミングのことを、子供たちにもっと知ってもらいたい。子供たちが「コンピューターってすごいな！」「プログラミングって楽しいな！」そんな風に思ってくれればという思いで、本書を執筆しました。

　本書では、いま世界中で大人気のゲーム「Minecraft」を通じて、プログラミングを体験し、その基本的な考え方を学ぶことができます。「しょせんゲームでは？」と侮るなかれ。まずは親子でトライしてみてください。お子さんが「楽しい！」と感じることが、プログラミングへの興味につながり、継続的にプログラミングを学ぶ意欲につながります。プログラミングに「唯一解」（たったひとつの正解）はありません。夢中で取り組む中で、自分で課題や、やりたいことを見つけ、それを実現するために自分の頭で考えて試行錯誤するという体験を、ぜひしてほしいと思います。

　多くの皆さんにとって、本書がプログラミングの楽しさを知る最初のきっかけとなることを願っております。

株式会社 CA Tech Kids 代表取締役社長
上野 朝大
（文部科学省 プログラミング教育有識者会議 委員）

保護者の方へ
プログラミング教育について

プログラミング教育必修化へ

　2020年改定予定の新学習指導要領では小学校でのプログラミング教育が必修化される方向で有識者会議による検討が進められています。人工知能やスマートフォンなどが社会に浸透しつつある中で、それがもたらす急速な変化に教育も対応する必要に迫られています。小学校でのプログラミング教育といっても、そこで教える内容がどのようなものになるのかはまだ決まっていませんが、日常生活を送るうえでコンピューターの知識が欠かせないということは共通の認識になってきています。

　あらゆる領域に影響を及ぼす技術が急速に進歩するなかで、ITを使いこなすことはすべての子供たちに求められる現代の読み書きそろばんと言えるでしょう。

どのような仕事につくにしてもIT技術が必要に

　IT技術は社会に浸透し、プログラマーやIT技術者だけがプログラミングやコンピューターを学べばいいという時代ではなくなりました。

　子供たちがなりたい職業がエンジニアやクリエーター以外の職業であったとしても、IT技術を使いこなすことが必要になってきています。

　たとえば、「ファッションデザイナーになってコンピューターで洋服をデザインしたい」「スポーツのトレーナーになって効率的なうごきかたをコンピューターでアドバイスできるようになりたい」など、あらゆる仕事においてIT技術を理解することが近い将来必要になってくると考えられています。どのような仕事に就くとしてもIT技術を身につけることがもはや欠かせない時代であると言えます。

問題解決力と論理的思考力をはぐくむ

　IT技術の1つであるプログラミングの勉強はコンピューターの勉強になるだけではありません。IT技術は数学と密接にかかわっていますし、プログラムをつくっていく中で、国語や英語などほかの教科の知識にも触れることになります。

　そして最も重要なのが、プログラムを学ぶことで、問題解決力や論理的思考力を育てることができることです。子供たちが将来の問題にぶつかった際に、自分で解決策を考えて、実行する力を育てることができます。

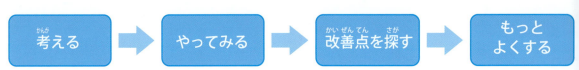

プログラミングに必要なサイクルが問題解決力を育てます

プログラミングの考えかたが学べる教材

　プログラミング言語の基本的な考えかたはいまも昔もそれほど変わっていません。

　教育用につくられた専用のプログラミング言語には、LOGOという言語で亀をうごかして学習するタートルグラフィックスや、パーツをマウスで組み合わせてプログラミングできるScratchなどがありますが、どちらもプログラミング言語やアプリなどの開発スキルよりも「プログラミングの基本的な考えかたを学ぶ」ことに主眼がおかれています。

　また、マインクラフトは子供たちに人気があるという点でプログラミングの考えかたを学ぶのに最適の教材と言えるでしょう。

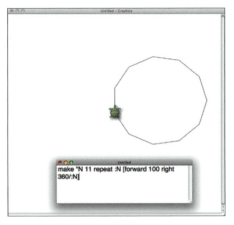

タートルグラフィックス

ビジュアルプログラミング言語Scratch
(https://minecraft.net/ja/)

ステートメント	………………………………………………	3
プログラミング教育について	………………………………	5
はじめに	………………………………………………………	10

第1章 マインクラフトって何？ 11

1-1	マインクラフトって何？	……………………………	12
1-2	世界が注目！「マインクラフト」	…………………	14
1-3	マインクラフトをさわってみよう	…………………	16
1-4	おもなブロック一覧	…………………………………	18
1-5	おもな動物、モンスター、レシピ	…………………	19
1-6	パソコン版（Windows）の操作方法	………………	22
1-7	ComputerCraftEduとは	……………………………	24
1-8	マインクラフトとModのインストール	……………	26
	ダウンロードサイト	…………………………………	36

第2章 マインクラフトプログラミング入門 37

2-1	タートルにふれてみよう	……………………………	38
2-2	リモコンを覚えよう	…………………………………	42
2-3	パネルでプログラミングしてみよう！	……………	44
2-4	やってみよう①　タートルをうごかす	……………	46
2-5	やってみよう②　1マスほる	………………………	48
2-6	やってみよう③　おく	………………………………	50
2-7	つくってみよう①　かべをつくる	…………………	52
2-8	つくってみよう②　かべをけずる	…………………	55
2-9	つくってみよう③　穴と階段をつくる	……………	57
クエスト	森のステージ	………………………………………	59

第3章　「くり返し」でもっとラクに楽しく！　61

3-1	ブロックを10個、おく	62
3-2	「FOR」パネルの使いかた	64
3-3	FOR文のしくみ	70
3-4	やってみよう①　20回ほる	72
3-5	やってみよう②　20回ほる　トンネル	76
3-6	やってみよう③　階段をつくる	78
3-7	やってみよう④　らせん階段をつくる	81
クエスト	さばくのステージ	84

第4章　とちゅうでちがうことをする!?　85

4-1	じゃまものはこわせ？	86
4-2	まずはつくってみよう	88
4-3	IF文のしくみ　こわして進む	94
4-4	やってみよう①　上をほり前に進む	96
4-5	やってみよう②　穴をうめて進む	100
4-6	やってみよう③　見分ける	104
4-7	やってみよう④　整地マシン	108
クエスト	雪のステージ	112

第5章　クエストに挑戦だ！　113

5-1	配布データの導入	114
5-2	海底神殿を探検しよう	116
クエスト1	見本通りにほれるかな？	118
クエスト2	見本通りにほれるかな？	119
クエスト3	見本通りにブロックをつめるかな？	120
クエスト4	見本通りにブロックをおけるかな？	121
クエスト5	見本通りにブロックを入れかえられるかな？	122
クエスト6	FOR文でブロックをおけるかな？	123
クエスト7	見本通りにブロックをおけるかな？	124
クエスト8	見本通りにほれ！	125

クエスト9	見本通りにうめられる？	126
クエスト10	整地マシン２！	127
5-3	設計図をつくってみよう	128

第6章 もっともっとトライしてみよう！　131

6-1	ドアつきのかべをつくる	132
6-2	鉱石発見プログラムをつくる	134
6-3	作物収穫タートル	136
6-4	きこりタートル	138
6-5	もっとコンピューターでやってみよう	140

こたえ …………………………… 142
おわりに …………………………… 147
保護者の方へ …………………… 148

キャラクターしょうかい

この本に登場するキャラクターをしょうかいするよ。
一緒にプログラミングを学んでいこう！

マインクラフト大好き、しょうだよ！ プログラミングができるなんて、すごい楽しみだなぁ

まいです！ パソコンもプログラミングもよくわからないから、いっしょに学んでいこうね！

ポチだワン。みんなを「マインクラフトでプログラミング」の世界に連れていくワン！

しょうくん

まいちゃん

ポチ

この本を手にとった君へ
はじめに

アイデアを実現しよう

　みんなはふだん生活をしていて「こんなものあったらいいなあ」とか「こんなものつくりたいなあ」と考えることはあるかな？　実際に紙とハサミで作ってみたり、ノコギリと木材でつくってみたり、自分のつくりたいモノを実現する方法はいろいろあるよね。この本でしょうかいするコンピュータープログラミングも、そんな風に「アイデアを実現する」方法の１つなんだ。

　この本ではマインクラフトというゲーム（みんなはやったことがあるかな？）の世界でプログラミングを勉強していくけど、世の中にはいろいろなプログラミングの種類があるよ。スマートフォンやタブレットのアプリをつくるプログラミングもあれば、ゲームをつくるプログラミングもあるんだ。だけど、プログラミングの基礎はどれも同じなので、マインクラフトで基礎を学ぶことができれば、アプリやゲームにも応用することができるよ。

つくるってワクワク

　人がつくったアプリやゲームで遊ぶことはすごく楽しいよね。でも実は、遊ぶだけではなく、そのアプリやゲームを"つくる"こともすごく楽しいんだ！　だから君もプログラミングに挑戦して、"つくる"楽しさを知って欲しいんだ。ただしアプリやゲームのように、アイデアを実現するためには、プログラミングの知識だけではつくることはできないんだ。つくるためになにが必要なのか、どうやってつくるのかなど、自分で考えなきゃいけないことがたくさんあるんだ。

　すこし難しいって思うかもしれないけど、どんなものをつくるのか、どうやってつくるのかを決めるのは、全部キミ！　好きなものを、好きなやりかたで挑戦してみればいいんだ。

　最初はうまくいかなくても、そのうち絶対できるようになるよ。まずはマインクラフトでコンピューター（タートル）をうごかすところからはじめてみよう！

第1章

マインクラフトって何？

ここではマインクラフトをしょうかいするよ。ゲームをしたことのある子もいるかもしれないけどプログラミングを勉強するとき、とってもわかりやすく学べるんだ！

> **おうちの方へ**
>
> 「マインクラフト」というとどうしてもゲームというイメージを持たれると思います。実は、お子さんの「論理的に物事を考える」という能力を高めるのにとても適しています。

第1章 マインクラフトって何？

1 マインクラフトって何だ？
マインクラフトって何？

おとなから子供まで大人気のマインクラフト。その誕生から現在までの歴史と、ゲームの特ちょうをおさらいしてみよう。

 1億人がプレイ！

マインクラフトはスウェーデンのMojangという会社が開発・発表したんだ。このゲームが最初に公開されたのは2009年。それから7年の間に、パソコン版からiPhone版、Android版、Wii U版、プレイステーション版など、さまざまなバージョンが生まれ、いまや世界で1億人以上がプレイしている大ヒットゲームとなったんだ。

> ※ **保護者のかたへ**
>
> マインクラフトにはゲーム専用機やスマートフォン向け、Minecraft: Windows 10 Editionなどさまざまなバージョンがありますが、本書では公式ホームページ (minecraft.net) から導入できるパソコン向け (Windows/macOS) の有料版を使って学習していきます。

世界中で子供からおとなまでいろいろな人がプレイしているワン！

公式ホームページにアクセスしてぼうけんの世界へ旅立とう！ (https://minecraft.net/ja/)

マインクラフトって何だ？

楽しみ方はキミしだい！

このゲームには、何をするかという目的も、終わりも定められていないよ。ゲームを始めたプレイヤーは、「木」「土」などのさまざまなブロックで構成された「ワールド」に突然放り出されるんだ。自由にうごいて、さまざまな道具や材料で自分だけの世界をつくり出していくんだ。家はもちろん、街も、お城も、何でも！　自分がつくったものをネット上で公開し、ほかの人と共有していくこともできるよ。ゲームの楽しみ方そのものもプレイヤーしだい、という自由さが、人気の理由の1つなんだ。

広大な世界を気ままに探検しよう

ワクワクするね

プレイヤーがゲームを進化させる

遊び方も自由に選べるよ。敵のいる世界で生きぬく「サバイバル」モードや、自分の世界づくりを楽しむ「クリエイティブ」モードが代表的なモードだよ。パソコン版ではさらに、世界中のプレイヤーが公開している「Mod」と呼ばれる追加プログラムをダウンロードして組みこむことで、ゲームそのものを進化させることができるよ。この本でしょうかいする「プログラミング」を行うためのMod「ComputerCraftEdu」も、プレイヤーがつくったものなんだ。

ネット上では、世界中のプレイヤーによる独自の「ワールド」や、追加プログラム「Mod」などのプラグインが配布されている

第1章 マインクラフトって何？

2 ゲームで楽しく、深く学べる
世界が注目！「マインクラフト」

マインクラフトの人気は、ゲームファンの間だけにとどまらないよ。そのさまざまな学習効果から、世界中の教室で取り入れられているんだ。

単純なものから

 ### ブロックで自由な「ものづくり」

おもちゃで遊ぶように、ブロックを積み上げて、思いのままの建物や構造物をつくっていくことができるのがマインクラフトだよ。広い地形や街を、1つひとつの建物の中まで再現するようなことだってできるんだ。

複雑なものまで

 ### サバイバルで成長しよう

サバイバルモードでは、プレイヤーにダメージをあたえる敵がたくさん現れるよ。プレイヤーは、それらからどう身を守り、どう生活していくかを、何もないところから考えなければならないんだ。

次々に起こる問題を解決するために、「次はこうしてみよう」「こうすればもっとよくなるんじゃないか」とチャレンジをくり返すことで、実際の生活にもその考えかたが生かされるんだ！

家や武器をつくって、おそってくるゾンビや大きなクモから身を守らなければ！

ゲームオーバーになると、最後にいたところからやり直し！

ゲームで楽しく、深く学べる

うごく機械をつくり、しくみを学ぶ

この本では説明しないけど、ゲームには、「レッドストーン」と呼ばれるアイテムがあるよ。これを使って、レバー操作で開閉するドアや、スイッチひとつで点灯する明かりといった装置をつくることができるんだ。

レッドストーンを使えばドアの開け閉めがレバーでできる！

みんなで協力プレイ

ネット上のサーバーのワールドで、世界の人々といっしょにプレイすることもできるんだ

マインクラフトは、ネットを通じて1つのワールドに複数のプレイヤーが参加して遊ぶマルチプレイもできるよ。みんなで協力して、大きな建物をつくることもできるんだ。「何をつくろうか」「じゃあ、ぼくはこうするね！」などと話し合い、目標とそれぞれの役割を決めて、課題に取り組むことができるんだ。

ゲームを通じて世界とつながろう

世界中のプレイヤーが、自分でつくったワールドや、ゲームに追加機能を足す「Mod」を配布したり、プレイ動画をYouTubeにアップしたりしているよ。

多くの人がゲームを通じてコミュニケーションすることで、ゲームももっと進化して楽しくなるんだ。世界の人々とともに、ゲームを通じて自分の可能性も広がるんだ。

第1章 マインクラフトって何？

3 単純だけどおくが深い！
マインクラフトをさわってみよう

マインクラフトの人気や注目度はわかったけれど、どんなゲームなのかな？　ここでは、マインクラフトの世界でできることをかんたんに説明するよ。

選べるゲームモード

マインクラフトには、いろいろなモードがあるよ。「サバイバル」は、何もないところから資源を集めて、おそいかかるモンスターから身を守りながら自分の世界をつくっていくモード、「ハードコア」は超上級者向けモード、「クリエイティブ」は、資源やアイテムが全てある中で、好きなものをつくっていくモードだよ。この本ではクリエイティブモードでゲームをするよ。

スタートの設定画面で、いろいろなモードが選べるよ

ブロックをくずして資源を集める

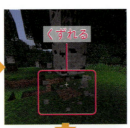

ブロックの前で何回もクリックすると……
ブロックがくずれた！

マインクラフトの世界は「木」、「土」、「岩」などのブロックで構成されているよ。そのブロックの前で何回かクリックしてブロックをくずすと、その資源が手に入るんだ。それらを材料にさまざまな道具をつくっていこう。クリックする回数は素材ごとにちがうけど、クリエイティブモードでは全て1回でくずれるよ。うごいている敵や動物を殺しても、肉などの素材を得ることができるんだ。アイテムはそばまで進めば自動で拾ってくれるよ。

単純だけどおくが深い！

 ## アイテムを加工しよう

　サバイバルモードでキーボードのEキーをおして「インベントリ」を開くと、右上に「クラフト」と書かれた4マスのボックスがあるよ。ここに原木などの素材を合成することで、モノをつくることができるんだ。原木を加工した木材を4つならべると、「作業台」というアイテムができるよ。この作業台を使うと、3×3マスのクラフトボックスが登場するんだ。P.20の「レシピ」にしたがって、さまざまなモノをつくってみよう。

サバイバルモードの「クラフト」。
木材を4つならべると...
作業台が完成！

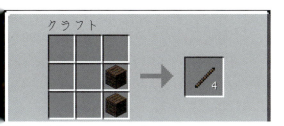
作業台で原木を2つならべて「木の棒」をつくる

さらに木の棒と原木を組み合わせて、「木の斧」ができる

 ## もっと探検！もっとものづくり！

　クリエイティブモードでは、素材も道具も一通りそろっているので、いろいろなものを使って建物や家づくりができるよ。マインクラフトの世界は、地上だけでなく空にも地下にも広がっているんだ。いろいろな場所を探検し、いろいろな素材や場所を発見してみよう。この本では基本的にクリエイティブモードで遊ぶよ。

クリエイティブモードのインベントリ。資源も道具も無限に使える

第1章 マインクラフトって何?

4 マインクラフトの世界をみてみよう
おもなブロック一覧

マインクラフトの世界はさまざまな種類のブロックで構成されているよ。

ゲームを進めていくと、ここにないブロックも登場するワン!

いろいろなブロック

地形	石	丸石	岩盤	花崗岩	閃緑岩	安山岩	黒曜石	苔石
	土	砂	雪	氷	砂岩	砂利	粘土	
原木	オーク	マツ	シラカバ	ジャングル	アカシア	ダークオーク		
植物・農作物	草	草ブロック	ジャングルの葉	フランスギク	シダ	枯れ木	サボテン	菌糸
	リンゴ	カボチャ	スイカ	ニンジン	ジャガイモ	小麦	ビートの根	キノコ
鉱石	石炭鉱石	鉄鉱石	金鉱石	ラピスラズリ鉱石	エメラルド鉱石	レッドストーン鉱石	ダイヤモンド鉱石	
液体・気体	空気	水	炎	溶岩				
水中・水上のもの	スイレンの葉	プリズマリン	ダークプリズマリン	シーランタン	スポンジ			
その他	クモの巣	モンスタースポナー						

これらのブロックのほとんどは、手に入れることができるけど、空気や炎など一部はくずすことができないよ。水や溶岩をもつにはバケツを使うよ。

マインクラフトの世界の住人たち

5 マインクラフトの世界の住人たち
おもな動物、モンスター、レシピ

 動物　ゲーム中にはいろいろな動物が登場するよ。たおして肉や革を得たり、飼いならして乗り物にしたりすることができるよ。

ニワトリ
卵やとり肉を得ることができる

ウシ
肉や牛乳、革を手に入れることができる

キノコでおおわれた赤と白のウシ「ムーシュルーム」

ブタ
肉を得られるだけでなく、道具があれば乗り物にすることもできる

毛をかった後のヒツジ

ヒツジ
肉や羊毛を手に入れることができる。羊毛はハサミでかって手に入れることもできる

ウマ
乗り物にすることができる。色ちがいでロバやラバもいる

オオカミ
骨を使って飼いならすと、犬になり、プレイヤーといっしょに戦ってくれる

ウサギ
すばしっこくうごく。おそってくるウサギもいる

ヤマネコ
魚で飼いならすと猫になり、一部の敵を追いはらってくれる

第1章　マインクラフトって何？

 ## おもなモンスター

マインクラフトでは夜になるとさまざまなモンスターが出るよ。サバイバルモードではプレイヤーにおそいかかり、ダメージがたまるとゲームオーバーだよ。

スケルトン
すばやくうごくことができ、はなれたところから弓矢でプレイヤーをねらってくる。明るくなると燃えてしまう

ゾンビ
ゾンビにさわられるだけでダメージとなり、しつこくおそいかかってくるよ。何匹もおそってくることもあるよ

クリーパー
音もなくプレイヤーにしのびより、ばくはつする。大きなダメージを受けるだけでなく、周囲もこわされてしまう

 ## おもなレシピ

この本ではクリエイティブモードで遊ぶけど、アドベンチャーモードでは資源を加工してさまざまなモノをつくらないといけないんだ。➡

■ 基本レシピ

棒：木材×2

かまど：丸石×8

ベッド：羊毛×3、木材×3

チェスト：木材×8

■ 食材レシピ

クッキー：小麦×2、カカオ豆×1

パン：小麦×3

砂糖：サトウキビ×1

ケーキ：牛乳×3、砂糖×2、卵×1、小麦×3

マインクラフトの世界の住人たち

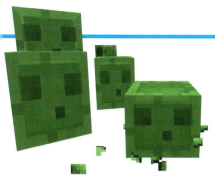

スライム
プレイヤーに体当たりでおそってくるよ。大、中、小の3つのサイズがあり、大、中サイズは一定のダメージをあたえると、1つ小さいサイズに分裂するんだ

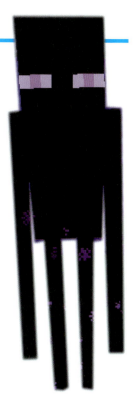

エンダーマン
背の高さがプレイヤーの3倍ほどもあるモンスター。プレイヤーがうでの上部、胴体、頭を見ると、おそってくるんだ。なんとテレポートもしてくるよ

ウィッチ
飛び道具（スプラッシュポーション）ではなれたところからこうげきしてくる。ダメージをあたえられると、ポーションを飲んで自ら回復する

クモ
かべをのぼったり、ジャンプしたりしておそってくる。たおすと、さまざまな道具に使える糸を得ることができる

この本では使わないけど、作業台で作成できるモノの「レシピ」をしょうかいするね。

■ **道具レシピ**

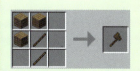   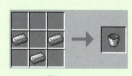

木の斧：木材×3、棒×2　　木のツルハシ：木材×3、棒×2　　弓：糸×3、棒×3　　バケツ：鉄インゴット×3

■ **機械レシピ**

   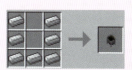

木のドア：木材×6　　柵：棒×4、木材×2　　レバー：棒×1、丸石×1　　大釜：鉄インゴット×7

第1章 マインクラフトって何?

6 うごかしてみよう
パソコン版(Windows)の操作方法

キーボードで操作

キーボードでマインクラフトを操作する方法を説明するよ。

W:前進(2回連打でダッシュ)
S:後退
A:左平行移動
D:右平行移動

ESC:ゲームメニュー表示

1~9:アイテムスロット選択
(キーボードの配列が枠の位置に対応)

Tab:プレイヤーリスト表示/非表示
(マルチプレイ時)

Q:持ったアイテムを投げる

F1:UI表示/非表示
F2:スクリーンショット
F3:情報表示/非表示

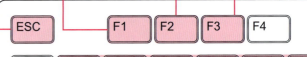

左Ctrl:
Wキーと同時押しでダッシュ

左Shift:
・しゃがむ
・乗り物から降りる
・下降(クリエイティブモードでの飛行時)

E:インベントリを開く/閉じる

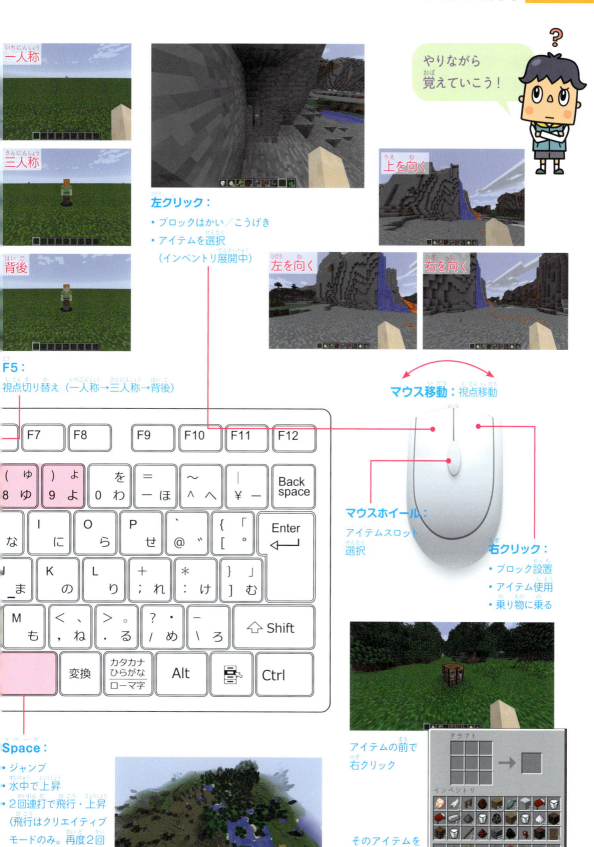

第1章 マインクラフトって何?

7 マイクラでロボットをあやつる ComputerCraftEduとは

この本はマインクラフトでのプログラミングを勉強するけど、そこで必要となるのがComputerCraftEduというModだよ。どんなものなのかな。

 ### Modはアイスのトッピング

マインクラフトに人気がある理由のひとつに、世界中の人々が開発したModと呼ばれる追加プログラムを組み込んで、新しい要素をどんどん追加できることがあるよ。イギリスのダニエル・ラトクリフ氏(ハンドルネーム：Dan200)が開発したComputerCraftも、そうしたModのひとつなんだ。マインクラフトがバニラアイスだとするとそこにさまざまなModというトッピングで、自分だけの味を楽しむことができるんだ。

Computer Craftのサイト。Dan200が運営している

 ### 「ComputerCraft」と「ComputerCraftEdu」の違い

ComputerCraftEduは、2011年に初リリースされたコンピューター学習のためのMod「ComputerCraft」がもとになっているよ。

ComputerCraftでは、ふつうのプログラミングと同じように、「こうしたら、こうする」「その次はこうする」というように行動1つひとつを文章(コード)で書く、やりかたをするよ。このComputerCraftのコードを絵文字のパネルを組み合わせることでComputerCraftを学びやすくしたのが今回勉強するComputerCraftEduなんだ。

かんたんに使えるワン

マイクラでロボットをあやつる

ComputerCraft

プログラミング言語の一種であるLua言語でプログラムする。

文章（コード）を書いてタートルをうごかすよ

「タートル」にもたくさんの種類があるよ

ComputerCraftEdu

絵文字のパネルを組み合わせるだけで使うことができる。

パネルをならべるだけでいいよ

「ビギナータートル」が登場。リモコンでうごかすこともできる

 ## ComputerCraftEduはコンピューターの勉強にぴったり！

パネルをならべるだけでマインクラフトの世界でプログラムできるので、楽しみながらコンピューターの勉強をするのに向いていることが注目されて、いまではComputerCraftEduがコンピューターの学習に使われているんだ。

ComputerCraftEdu公式サイト。ダウンロード方法は次のページを見よう

複雑なこともできちゃう！

この本で、タートルを使ったプログラミングをいっしょにやってみよう！

第1章 マインクラフトって何？

8 パソコンを用意！
マインクラフトとModのインストール

おうちの人に
やってもらおう！

このページの内容はおうちの人にやってもらってね。
マインクラフトのインストールとComputerCraft
EduのModを手に入れるまでの手順の概略を説
明します※。

インストールの前に

本書で解説していくマインクラフトでのコンピューター学習を始めるには、まず制作元であるMojang社のアカウント（利用権）を購入する必要があります。このアカウントを手に入れておけば、Windows版、macOS版、Linux版のいずれでも遊べます。また、購入にはクレジットカードが必要となります。

Modの導入にはJavaが必要になります。Javaがインストールされていない場合は、Javaの公式ホームページ（http://java.com/ja）からダウンロードして、インストールしておきます。

> ※保護者の方へ
>
> 本書で紹介している専用のクエストなどダウンロードコンテンツの詳細はダウンロードサイト（詳細はP.36）で公開していますので、そちらもご覧ください。また、マインクラフトには様々なバージョンがあります。ゲーム専用機／スマートフォン向けのマインクラフト、Windowsストアで購入できるWindows 10 Editionには対応していないので注意してください。

本書に対応（Windows/macOS版）画面は変わることがある

http://java.com/ja

パソコンを用意！

Mojangアカウントの購入（電子メールの認証）

インストールをはじめます。まず、マインクラフトの公式ホームページにアクセスし、マインクラフトをダウンロードできるMojangアカウントを購入します。

❶ 公式ホームページの「購入 MINECRAFT」をクリックします。
❷ Mojangアカウント作成画面。必要事項を入力し、「アカウントを作成」ボタンをクリックします。
❸ 登録したメールアドレスにメールが届きます。
❹ 届いたメールアドレスの認証コードを入力し、「電子メールを認証」ボタンをクリックします。

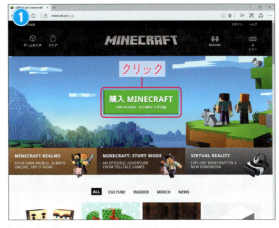

http://minecraft.net/にアクセスする

①電子メールアドレスを入力
②パスワードを入力
③生年月日を入力
④「アカウントを作成」ボタンをクリック

アカウント作成に必要な項目を入力する

認証コードが届く

入力したメールアドレスにメールが届く。認証コードを確認する

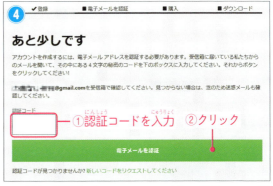

①認証コードを入力　②クリック

この画面に自動的に変わる。メールで届いた認証コードを入力し、クリックする

27

第1章 マインクラフトって何？

Mojangアカウントの購入（購入手続き）

❶ 購入手続き画面に移動します。上部の「Minecraft profile」に入力するユーザー名は、ゲーム上でも表示されるものです。短い名前やすでに使われている名前は使えません。カード番号を入力し、値段を確認後「購入」ボタンをクリックします。（3000.00円と表示されていますが、30万円ではなく3000円です）。

❷ 購入に成功すれば購入完了画面が表示されます。

マインクラフトの購入手続き画面

購入完了！

購入完了画面

パソコンを用意！

ランチャーのインストール

　購入が完了すると公式サイトからインストーラーのダウンロードができるようになります。Windows版のダウンロードをクリックし、ダウンロードしたファイル（MinecraftInstaller.msi）を実行します。指示にしたがって「Next」ボタンをクリックしていけばインストールの完了です。

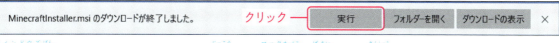
Windows版インストーラーをダウンロードして、実行する。macOSの場合はP.35参照

「Next」ボタンをクリックしていく

ダブルクリックで起動
インストール完了

マインクラフトのインストール画面。「Next」ボタンをクリックしていけばインストール完了

マインクラフトランチャーにログイン

　マインクラフトを起動し、IDとパスワードを入力し、マインクラフトランチャーにログインします。ログイン後ランチャーをいったん終了します。

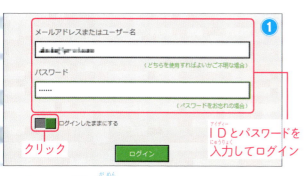
クリック
IDとパスワードを入力してログイン
ランチャーのログイン画面

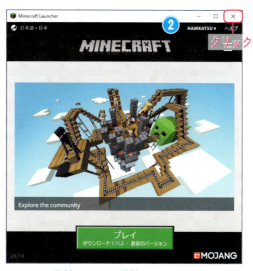
クリック
ログインに成功するとこの画面になる

※本書は2017年2月上旬にリリースされたMinecraft launcher 2.0.xに対応しています。

第1章 マインクラフトって何？

 FORGEのダウンロード

FORGEのダウンロードページ（http://files.minecraftforge.net/）にアクセスして、ComputerCraftEduの土台となるModであるFORGEをダウンロードします。

❶ 対応するマインクラフトのバージョンである1.8.9を選択して、「Installer-win」をクリックします。
❷ 広告を無視し右上の「SKIP」をクリックしてFORGEをダウンロードします。

バージョンを選択し、Installer-winをクリック（macOSのときは「Installer」を選ぶ）

このページの下部は広告が表示されます。さまざまな内容が表示されますが、どんな内容が表示されても、まちがえてクリックしないようにしてください。

右上の「SKIP」ボタン以外をクリックしないように

 FORGEのインストール

ダウンロードしたFORGEのインストーラーを起動します。「Install client」をクリックして、「OK」ボタンをクリックし、FORGEをインストールします※。

※ FORGEなどModの導入はマインクラフトのゲームやコンピューターに有害な影響を与える可能性があります。FORGE、ComputerCraft、ComputerCraftEdu等のModの導入による損害は補償できません。専用にしたパソコンを使うなど安全性に配慮したうえで個人の責任で行ってください。

FORGEのインストーラーを起動。macOS版のときはP.35参照

パソコンを用意！

起動オプションの新規作成

FORGEを導入したので、それに合わせて起動オプションを新規作成します。

マインクラフトランチャー

① マインクラフトランチャーを起動し、IDとパスワードを入力し、ログインしておきます。右上のメニューボタンをクリックします。

② 上部にメニューが表示されます。「起動オプション」ボタンをクリックし、「新規作成」ボタンをクリックします。

③ 起動オプション画面で起動オプションを設定、保存します。

起動オプション画面（最初に表示される起動オプションは環境によって変わります）

① 新しい名前「1.8.9Forge」などにする

② forge 1.8.9のバージョンを選択

③ 「フォルダーを開く」ボタンをクリックし、ゲーム用の新しいフォルダーを新規作成します。ここでは「1.8.9Forge」というフォルダー名にしています

新規フォルダーを作成

④ ③で新規作成したフォルダーの名前「¥1.8.9Forge」と入力し、新しいゲームディレクトリを設定する（¥を入力すると画面上では\になる）

起動オプションの新規作成

第1章 マインクラフトって何？

❹「ニュース」ボタンをクリックします。「プレイ」ボタンの右の▲をクリックして、前のページで確認した「起動オプション」を選択します。

❺新しい起動オプションになっていることを確認し、「プレイ」ボタンをクリックします。

❻マインクラフトが起動します。左下に「Forge」と表示されていればFORGEが組みこまれたことが確認できます。ここでいったんこの後の作業に備えて、「Quit Game」ボタンをクリックしてマインクラフトを閉じます。

起動オプションを選択

新しい名前になっているね！

新しい起動オプションになっていることを確認し、マインクラフトを起動する

FORGEが組みこまれた

パソコンを用意！

ComputerCraftEdu のダウンロード

今回の学習の要となる、「ComputerCraftEdu」をマインクラフトに導入します。

❶ ComputerCraftEdu の公式ページ（http://computercraftedu.com/）にアクセスして、「Getting Started」をクリックします。

❷ 「I'M A PLAYER」をクリックします。

❸ 「Download Mod For 1.8.9」ボタンをクリックして、ファイルをダウンロードします。

http://computercraftedu.com/

「プレイヤー」を選ぶ。「PARENT」には教え方などがのっているよ

バージョン1.8.9用のModをダウンロードする

ComputerCraftEdu のインストール

❶ マインクラフトランチャーを開き、つくった「起動オプション」ボタンをクリックして、「フォルダーを開く」ボタンをクリックすると、ゲームがインストールされているフォルダーが開きます。

❷ ダウンロードしたファイルを「mods」フォルダー内にコピーします。設定を保存して、「プレイ」ボタンをクリックし、マインクラフトを起動します。

ランチャーの「フォルダーを開く」ボタンをクリック

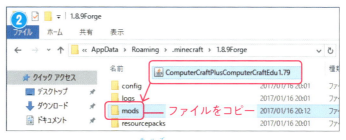

ダウンロードしたファイルを「mods」フォルダーにコピーする

33

第1章 マインクラフトって何?

マインクラフトの日本語化

マインクラフトを日本語化します。この設定を行うとメニューの一部が日本語になり使いやすくなります。

❶ マインクラフトを起動し、「Options...」ボタンをクリックします。
❷ 「Language...」ボタンを選びます。
❸ 「日本語（日本）」を選びます。

マインクラフトを起動

オプション画面

言語選択画面

導入完了

メニューが日本語になって、ModにComputerCraftEduが表示されていればインストールの完了です。

これで完了だワン！

メニューの「Mods」ボタンでModを確認できる

導入完了！

パソコンを用意！

 ## インストール（macOS版）

macOS版の場合もWindows版の流れとほぼ同じです。インストールはマインクラフトのアイコンをドラッグ＆ドロップして行います。

macOS版のインストール

 ## FORGEのダウンロードとインストール（macOS版）

macOS版の場合、FORGEのインストールに失敗する場合があります。その場合は「環境設定」の「セキュリティとプライバシー」から「ダウンロードしたアプリケーションの実行許可」にある「このまま開く」を実行し、FORGEをインストールします。

FORGEのインストールの際のエラー

「システム環境設定」メニュー

「セキュリティとプライバシー」メニュー

※FORGEなどModの導入はマインクラフトのゲームやコンピューターに有害な影響を与える可能性があります。FORGE、ComputerCraft、ComputerCraftEdu等のModの導入による損害は補償できません。専用にしたパソコンを使うなど、安全性に配慮したうえで個人の責任で行ってください。

※macOS版の最新のインストール方法は以下のサイトの「追加情報」を参照してください。
http://www.shoeisha.co.jp/book/detail/9784798149110

第1章 マインクラフトって何？

ファイルをダウンロードしよう
ダウンロードサイト

章末クエストはこの本専用のダウンロードサイトからダウンロードします。

http://www.shoeisha.co.jp/book/detail/9784798149110

 ダウンロードサイトにアクセス！

　ダウンロードサイトではプログラミング学習のための専用のワールドをダウンロードすることができます。専用ワールドでは、クエストをクリアしながらプログラミングを学ぶことができるようになっています。第2章、第3章、第4章の章末のクエスト、第5章のクエスト、第6章のプログラムの一部はこちらからダウンロードしてください。また、この本の補足説明もダウンロードサイトで行っておりますのでご覧ください。

ダウンロードサイトにアクセスしてダウンロードクエストを体験！

レッツダウンロード！

おことわり

- マインクラフトの開発状況により最新版のマインクラフトにFORGE、ComputerCraft、MODが対応できなくなる可能性があります。
- ダウンロードサイトは移転または閉鎖の可能性があります。閉鎖後はComputerCraftEdu公式サイトの情報を参照してください。

第2章

マインクラフト プログラミング入門

ここからはマインクラフトにじっさいにさわってうごかしてみよう！その前に第1章を読んでお父さんやお母さんにたのんでマインクラフトをパソコンに準備してもらってね。

おうちの方へ

マインクラフトの中に小さなコンピューター「タートル」を入れて、それに命令をしてうごかすことで、プログラミングの基本を学習します。

第2章 マインクラフトプログラミング入門

1 ComputerCraftEduを入れたら…
タートルにふれてみよう

この本の主役「タートル」の使いかたについて、ゲームの起動から説明するよ。

クリエイティブモードで起動

マインクラフトとComputerCraftEduの準備がすんだら、いよいよゲームを始めよう。ゲームを起動したらまずは「シングルプレイ」を選ぼう。

❶「ワールド新規作成」をクリックしよう。
❷ゲームモードを「サバイバル」から「クリエイティブ」にしよう。
❸「ワールド新規作成」をクリックすると、いよいよゲーム開始！

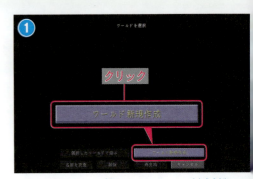

「シングルプレイ」を選んだら、「ワールド新規作成」をクリック

次の画面。「ゲームモード：サバイバル」となっているのでクリックして「ゲームモード：クリエイティブ」に

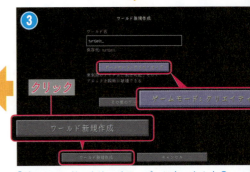

「ゲームモード：クリエイティブ」になったかな？
最後に、「ワールド新規作成」をクリック！

38

ComputerCraftEduを入れたら…

❹ゲームが始まったら、キーボードのEキーをおしてインベントリを開いて、右上の▨のボタンをクリックしよう。

❺▨タブをクリックしよう。

❻3つのアイテムがあるね。このうちの▨（タートル）と▨（リモコン）をアイテムスロットに移そう。

キーボードのEキーをおして、インベントリを開き、右上のボタンをクリックする

「ComputerCraftEdu」というタブをクリックする

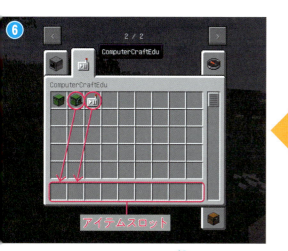

タートルとリモコンをアイテムスロットに移す

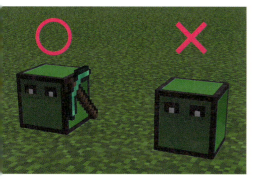

左は「Beginner's Mining Turtle」、
右は「Beginner's Turtle」。この本で使うのは、左のタートル

ヒント
タートルの向き

前からみたところ　　　後ろからみたところ

39

第2章 マインクラフトプログラミング入門

 タートルをおき、リモコンを手にしよう

❶ キーボードのEキーまたはEscキーをおして、元の画面にもどろう。アイテムスロットのタートルを選んで、右クリックすると、タートルがあらわれるよ。

タートルのスロットを選んで…

右クリックでタートルを出そう

マウスのホイールでもアイテムを選ぶことができるワン

❷ アイテムスロットの  を選んで右クリックすると、9マスのスロットの右側にもう1つ、リモコン用のスロットが表示されるよ。これで準備完了！

2をおしてリモコンのスロットに合わせて…

右クリックするとリモコンが装備されるよ

うごかしてみよう！

タートルを右クリックすると、画面右下にリモコンが出てくるよ。クリックして、タートルを試しにうごかしてみよう。リモコンでうごかすと、1クリックで1マス分うごくよ。

リモコンのボタン
- ⬆ 前に進む
- ⬇ 後ろに進む
- ⬆ 上に進む
- ⬇ 下に進む
- ↻ 右を向く
- ↺ 左を向く
- ▢ タートル視点

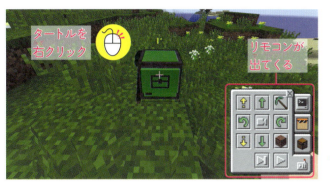

タートルを右クリックすると、リモコンが登場

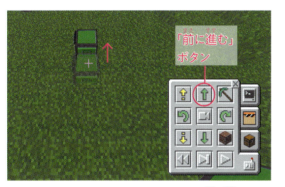

⬆ボタンをクリックすると、タートルが1マス前に進む

⬇ボタンをクリックすると、タートルが1マス後ろに進む

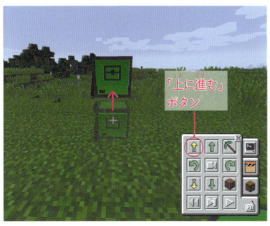

⬆ボタンをクリックすると、タートルが1マス上に進む

エラー タートルがうごかなくなったら

タートルの前にものがあるとタートルはうごけなくなってしまうよ。赤いボタン▢をクリックして、停止させよう。

第2章 マインクラフトプログラミング入門

2 ComputerCraftEduを入れたら…
リモコンを覚えよう

ボタンの種類を覚えよう

リモコンには「Remote」のほかに、「Program」「Inventory」「Customize」の4つのタブがあるよ。それぞれをクリックすることで、いろいろなことができるようになるんだ！

リモコンとパネルを使ってうごかすんだね

■リモコン (Remote)

ボタンをクリックしてタートルをうごかしたりするよ。

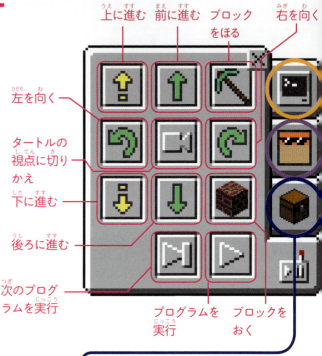

- 上に進む
- 前に進む
- ブロックをほる
- 右を向く
- 左を向く
- タートルの視点に切りかえ
- 下に進む
- 後ろに進む
- 次のプログラムを実行
- プログラムを実行
- ブロックをおく

■Inventory

プレイヤーのアイテムスロットから、タートルのアイテムスロットにアイテムを移すことで、タートルにアイテムをもたせることができるよ

インベントリ／Turtle

プレイヤーのアイテムスロット／タートルのアイテムスロット

■Customize

タートルの名前を変えたり、いろいろなデコレーションをしたりするよ

タートルの名前／aokame_／カラーを選ぶ／デコレーションを選ぶ

ComputerCraftEduを入れたら…

■ Program

パネルを組み合わせて、タートルを自動でうごかすことができるよ

それぞれのパネルがタートルへの命令になっている

プログラムの名前

プログラム新規作成ボタン

フロッピーディスクにプログラムを保存

選んだプログラムを実行

パネルのおきかた

右側にならんでいるパネルをクリックして選び、おきたい場所をクリックするとパネルをおくことができるよ。

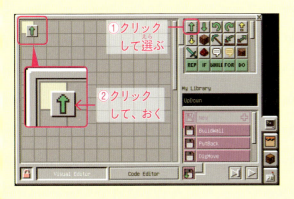

①クリックして選ぶ

②クリックして、おく

パネルのけしかた

パネルを、画面の外側に出してクリックするか、Shiftキーをおしながらクリックするとけすことができるよ。

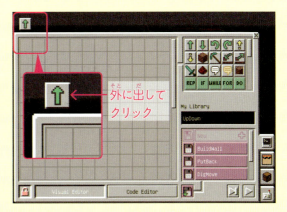

外に出してクリック

43

第2章 マインクラフトプログラミング入門

3 ComputerCraftEduを入れたら…
パネルでプログラミングしてみよう！

リモコンでのタートルのうごかしかたはわかったかな？　いよいよ、タートルを自動でうごかしてみよう！

してほしい順番にパネルをならべるワン！

タートルのうごきの順にパネルをならべる

タートルをうごかすには、まずタートルにしてもらいたいことを考えて、そのうごきをパネルにしてならべるんだ。

「実行」ボタンをクリックすると、ならんでいるパネルをタートルが読んでその通りにうごくよ。

❶してもらいたいことを考える
❷してもらいたいことを順にパネルにならべる
❸「実行」ボタンをクリックする
❹タートルがその通りにうごく

① 命令
やってほしいことを考える

・1マス上に進む
・1マス下に進む

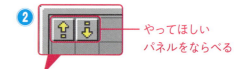
やってほしいパネルをならべる

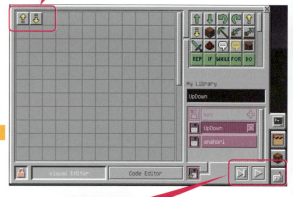

「実行」ボタンをクリックする
（タートルにお願いする）

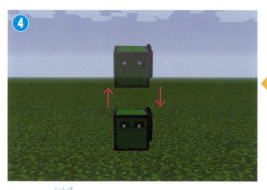
タートルが上下にうごく

ComputerCraftEduを入れたら…

パネルをならべる画面を開くには

❶ タートルを右クリックして、リモコンを出そう。リモコンの右上の ▣ タブをクリックすると、パネルをならべる画面が開くよ。

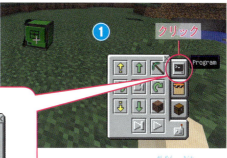

リモコンが画面に現れたら、右上のタブをクリック

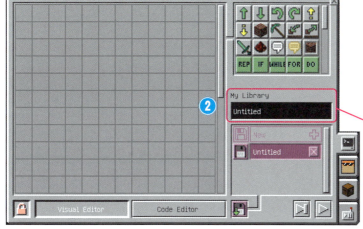

パネルをならべる画面が開く

これからつくるプログラムの名前を入力。「agaru」としよう

❷ 右側の黒い四角の中に「Untitled」とあるね。ここはプログラムの名前を入力するところで、「Untitled」は、まだ名前がないということ。

❸ クリックして「agaru」と入力してみよう。

自分でわかりやすい名前をつければいいんだね

ポイント

プログラム＝「何をする」と「どういう順番で」

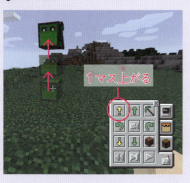

1マス上がる

リモコンで「上に進む」ボタンを2回クリックすると、タートルが2マス上がる。リモコンのボタンとパネルが対応しているんだ。
パネルの種類で「何をする」のかを選び、ならべた順番で「どういう順番で」やるのかを組み合わせたのがプログラムだよ。

命令と順番がプログラムなのね

45

第2章　マインクラフトプログラミング入門

4 パネルでプログラミングしてみよう！
やってみよう① タートルをうごかす

リモコンでのタートルの操作はわかったかな？
いよいよ、タートルを自動でうごかすプログラム
をつくってみよう！

　もっといろいろな
うごきをさせるには？

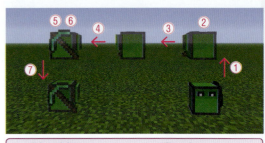

右のようなすこし難しいうごきを、1つのプ
ログラムで実行させてみよう。

　新しいプログラムをつくる

リモコンの右下のプログラム一覧の中には、前のページで
つくった「agaru」があるね。新しいプログラムをつくるに
は、「New」と書かれたところをクリックするよ。今度は、
「asobi」というプログラム名にしてみよう。

自分で名前を
つけるんだワン

プログラムがならんでいるところの「New」をクリック

名前のところに「untitled」と出てくるので、
ここに「asobi」と入力しよう

パネルでプログラミングしてみよう！

 ## パネルをならべてみよう

パネル一覧から、それぞれのうごきのパネルを選んで横にならべるよ。下の図の通りにならべて、最後に右下の ▷「実行」ボタンをクリックしよう。

「うごき」のパネル
- ⬆ 前に進む
- ⬇ 後ろに進む
- ↩ 左を向く
- ↪ 右を向く
- ⬆ 上に進む
- ⬇ 下に進む

タートルがプログラム通りうごいたかな？

やってみよう

うごかしてみよう！

上の図のようにうごかしてみよう！

こたえは ➡ P.142

47

5 パネルでプログラミングしてみよう！
やってみよう② 1マスほる

 ### ほる（こわす）も自動でラクに

穴をほるときに、自分で1つひとつブロックをこわして進んでいくのはけっこうめんどうだよね。これもタートルに自動でさせることができるよ。まずは、1マスこわして1マス進むプログラムをつくってみよう。

タートルにブロックをこわさせて進ませる

 ### ほりたいブロックの前にタートルをおく

❶ 今回つくる新しいプログラムには「horu」と名前をつけてみよう。

❷ つくったらタートルをほりたいブロックの前におこう。

❶ 新しいプログラムをつくる
❷ 「horu」と入力

ほりたいブロックの前で右クリックして、タートルをおく。ブロックとタートルの間にすき間がないようにする

エラー
ほるものがないとき

なにもないところでほろうとしてしまったら、エラーになるよ

パネルでプログラミングしてみよう！

 ## 「ほって進む」プログラムをつくる

「前をほる」、「前に進む」のパネルをならべてプログラムをつくるよ。「前をほる」パネルを左のマスにおくと、さらに「前をほる」、「上をほる」、「下をほる」の３つのパネルが選べるよ。今回は「前をほる」を選ぼう。

②パネルをならべたら実行

くり返しやるならパネルはそのまま横１列にならべればOKだワン！

……

やってみよう

３マスほって３マス進む

タートルが３マス分ほり進んだかな？

こたえは ➡ P.142

6 やってみよう③ おく
パネルでプログラミングしてみよう！

タートルにブロックを装備

タートルを使って、ブロックをおくこともできるよ。それには、おきたいブロックをタートルに装備させる必要があるんだ。今回は「石」のブロックをタートルに装備させよう。

① Eキーをおして、インベントリを開こう。
② 石のブロックをクリックし、自分のアイテムスロットに装備したら、インベントリを閉じよう。
③ 次に、タートルの前で右クリックしてリモコンを開こう。右下の、「Inventory」のタブをクリック。左下に、さっき自分のアイテムスロットに装備した石のブロックがあるね。これをクリックして、タートルのアイテムスロットの1をクリックしてそこに移そう。これで準備OK！

ブロックはかならずタートルに装備させるワン。もっているだけじゃダメだワン！

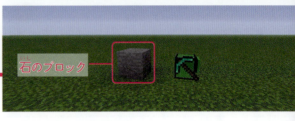
タートルにブロックをおかせよう

① Eキーを押してインベントリを開く

石のブロックをクリックし、下のアイテムスロットに装備する。何回もクリックすると右下の数字が増えて、いくつもブロックがもてるよ

タートルの前で右クリックし、リモコンの「Inventory」のタブをクリック。自分のアイテムスロットから、タートルのアイテムスロットへ石のブロックを移す。インベントリにフロッピーディスクのアイコンなどがある場合は、ほかの場所においてね

パネルでプログラミングしてみよう！

ブロックをおいて、後ろに進むプログラム

プログラムのタブをクリックし、新しいプログラム（名前を「oku」としよう）をつくろう。■「前にブロックをおく」パネルをならべると、「ほる」パネルと同じように、タートルの■「前にブロックをおく」■「上にブロックをおく」■「下にブロックをおく」の3つが選べるよ。今回は■「前にブロックをおく」を選んで、そのあとに「後ろに進む」パネルをならべよう。

石を3つおく

石を3つ装備させよう

こたえは ➡ P.142

第2章　マインクラフトプログラミング入門

7 つくってみよう① かべをつくる
プログラミングでつくってみよう！

タートルでプログラミングのしかたをおぼえたら、今度は何かつくってみよう。まずはブロックでかべをつくってみるよ。

石をおいてつくるのね

横3マス縦3マスのかべをつくってみよう

手順を考えてみよう

タートルにかべをつくらせるには、どんな手順でつくればいいかな？　「前に石をおいて下がる」プログラムを改造してつくろう。

❶ 石のブロックを装備する
❷ 1段目のブロックをおく
❸ 1マス上がり、次の段に移動する
❹ 2マス前に進んで、
　　右を2回向いて逆向きにする
❺ ❷〜❹を3回くり返す

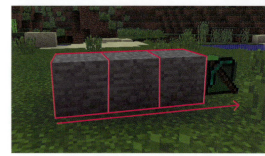
前のページでやったことが基本になるよ

タートルに石を9個もたせよう

　つくろうとしているかべは3×3マスで9個の石が必要だね。タートルにあらかじめ9個の石をもたせておこう。インベントリで何回もクリックするとアイテムをいくつももてるよ。

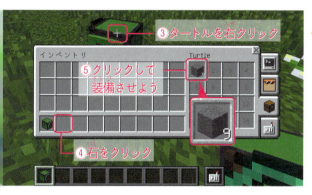

ブロックの右下の数字はもっている数だよ

上の段に移動するうごき

① 上に移動する
② 2マス前に進む
③ 右を2回向いて逆向きにする

 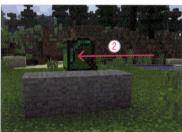 

パネルは途中で次の段にならべても大丈夫

　パネルをおくときに行が長くなってきたら次の段においても同じようにうごくよ。わかりやすいところで次の段におくとプログラムも読みやすくなるね。

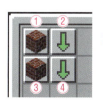 =

同じことだワン

第2章 マインクラフトプログラミング入門

  ## 実際にやってみよう

この通りパネルをならべてみよう。おなじならびかたを3回くり返しているよ。

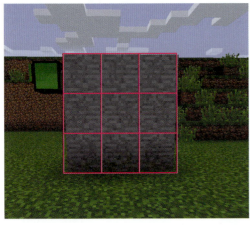

うまくできたかな？

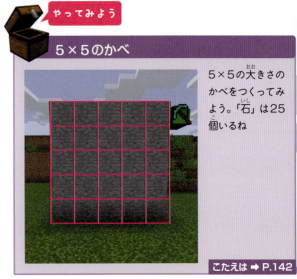

やってみよう

5×5のかべ

5×5の大きさのかべをつくってみよう。「石」は25個いるね

こたえは ➡ P.142

プログラミングでつくってみよう！

8 つくってみよう② かべをけずる

前のページの「かべをつくる」でつくったかべをけずってみよう。かんたんなプログラムでできるよ。

かんたんにできるワン

タートルはこの場所においてあるところから考えるよ

作ったかべをけずってみよう

 手順を考えてみよう

タートルに穴をほらせるには、前に進みながらほっていくのがいいね。上をほるのは、どの場所に来たときかわかるかな？

⑥	④	②
⑤	③	①

この順番でほるんだね

❶前(①)をほる　❷前に進む　❸上(②)をほる
❹前(③)をほる　❺前に進む　❻上(④)をほる
❼前(⑤)をほる　❽前に進む　❾上(⑥)をほる

第2章 マインクラフトプログラミング入門

 ## 実際にやってみよう

かべをほるためのパネル
- 前をほる
- 前に進む
- 上をほる

パネルを同じようにならべて、プログラムを実行してみよう。おもった通りにうごくかな？

① ①マス目をほる、**②** 前に進む　　**③④** ②〜③マス目をほる、**⑤** 前に進む

 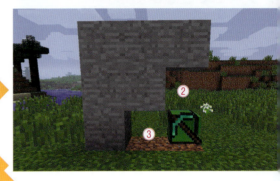

⑥⑦ ④〜⑤マス目をほる、**⑧** 前に進む　　**⑨** ⑥マス目をほる

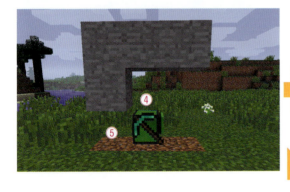 

うまくできたかな？

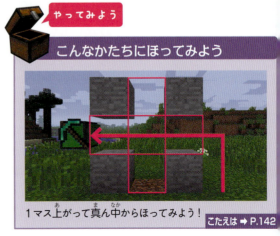

やってみよう

こんなかたちにほってみよう

1マス上がって真ん中からほってみよう！

こたえは ➡ P.142

プログラミングでつくってみよう！

9 つくってみよう③ 穴と階段をつくる

プログラミングでつくってみよう！

穴をほってそこにつながる階段をつくる
プログラムをつくってみよう。

思ったよりも
かんたんだワン

地下におりる階段だ！

ほり進めれば地下への入口にできるよ！

手順を考えてみよう 「穴をほる」

① 下のブロックを 4マスぶんほる
② 下の段に移動する
③ 向きを変える
④ ①〜③を 4回くり返す

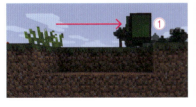

「階段をつくる」

① 前に石をおく
② 上に進む
③ 前に進む
④ ①〜③をくり返す

第2章 マインクラフトプログラミング入門

実際にやってみよう

実際に階段つきの穴をほってみよう。前半の①〜④では穴をほって、後半の⑤〜⑦では階段をつくっているよ。

① 1段目をほる	⑤ 1段目の階段の石をおく
② 2段目をほる	⑥ 2段目の階段の石をおく
③ 3段目をほる	⑦ 3段目の階段の石をおく
④ 4段目をほる	

かべと階段をつくるためのパネル

- 下をほる
- 前に進む
- 右を向く
- 下に進む
- 前にブロックをおく
- 上に進む

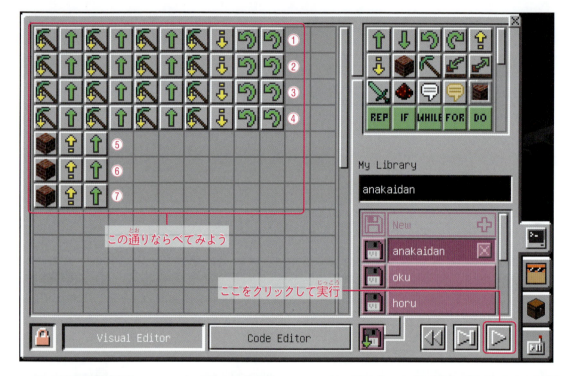

この通りならべてみよう

ここをクリックして実行

平らな場所ではじめよう

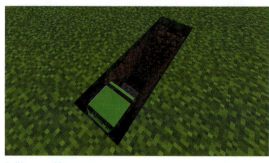

階段つきの穴ができた！

クエスト

ダウンロードクエストに挑戦！
QUEST 森のステージ

ゴールをめざして
がんばろう！

森のステージにチャレンジ！

ダウンロードクエストにチャレンジしてみよう！
ダウンロードして遊ぶ方法はP.114を見てね！ 第2章
で学んだことを使ってゴールをめざそう！

1 「森のステージ」は木のドアから行けるよ！

2 ドアの先にある穴に飛びこもう！

このドアから入ろう！

穴に飛びこもう！

3 クエストをクリアしよう！

4 クリアしたらスイッチをふんで、
とびらを開けよう！

5 ゴールの穴に飛びこめばクリアだ！

ここのスイッチ
をふむ

ゴールの穴を目指そう！

59

3つのクエストをクリアしよう！（こたえはP.143）

穴に飛びこむと3つのクエストがあるステージにワープするよ！ 第2章の内容を使ってクエストにチャレンジしてみよう。見本の通りにタートルをうごかしたら、とびらの前にあるスイッチをふんでとびらを開けよう。クエストが正解できたらとびらが開いて次のクエストにチャレンジできるよ。

最後にある光のタワーの真ん中にある穴に飛びこめばクエストはクリアだよ！

クエスト1 見本どおりにタートルをうごかせる？

クエスト2 左の見本通りに石をほりながらタートルをうごかせる？

クエスト3 左の見本通りに石をおける？

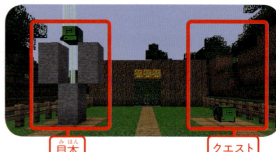

困ったら

リセットボタンを右クリック

困ったらかべの横についているリセットボタンを右クリックしよう！ 元の状態にもどるよ。タートルの巻きもどしボタンはタートルを1つ前の状態にもどせるよ。

巻き戻しボタン

タートルがちがうところをほってしまったら使おう！

右クリック

スイッチを右クリックしてリセットできるよ

右クリック

第3章

「くり返し」でもっとラクに楽しく！

前の章でタートルの使いかたはわかったかな？ プログラミングの世界にここから入っていくよ。まずは「くり返し」っていうしくみを学んでみよう！

おうちの方へ

「くり返し」はプログラミングの基本となる考えかたです。何十回のくり返しもコンピューターなら簡単です。マインクラフトを使って「くり返し」をビジュアルでわかりやすく学習します。

第3章 「くり返し」でもっとラクに楽しく！

1 「くり返し」をさせるには……？
ブロックを10個、おく

タートルの操りかたには、もう慣れたかな？やりかたを思い出しながら、ブロックを10個おいてみよう。

「前にブロックをおく」「後ろに進む」パネルを10回分おけばできるけど……

 手順を考えてみよう

同じ作業を10回くり返すよ。でもけっこう大変だね。

ブロックのおきかたは、P.50でやったね！

でも、10回も同じパネルをおくのは、少しめんどう。ほかにやりかた、ないのかな？

「くり返し」をさせるには……?

「石」のブロックを10個タートルに装備させて（装備のしかた→P.50）、ブロックをおいて後ろに進むプログラムを10回分つくる。

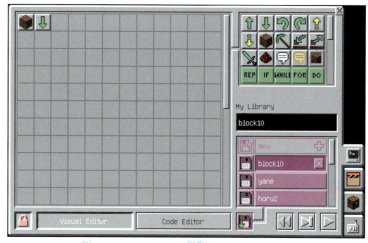

このパネルを10回おけば、プログラムの完成

指がつかれてきたよ……。
あれ、今何回目だっけ？

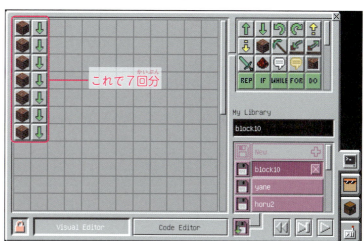

これで7回分

パネルはコピーができないから、全部自分の手でやらないといけない

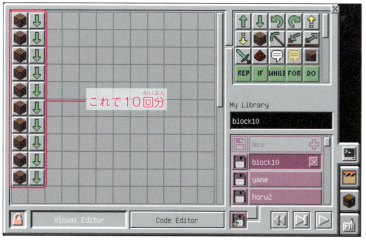

これで10回分

同じことを何回もやってめんどうだワン。実はこれをもっとカンタンにできるんだワン！

同じ内容のくり返しだね

第3章 「くり返し」でもっとラクに楽しく！

2 「くり返し」をさせるには……？
「FOR」パネルの使いかた

同じことを何回もするときに「くり返す」ことができるプログラムがあるよ。

「FOR」とは聞きなれないね

 くり返しでカンタン！

下の両方のプログラムは同じことをさせているプログラムなんだ。くらべてみよう。

10回おいているよ。大変だね

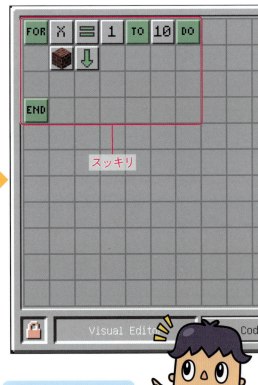

スッキリ

両方とも同じことをするプログラムだワン！

右のほうがスッキリしているね！

「くり返し」をさせるには……？

「FOR」パネルの使い方

❶「FOR」パネルを一番始めにおく
❷くり返す回数を指示する
❸くり返したい内容のパネルをおく
❹「END」パネルを最後におく

「くり返し」をさせるには、いくつかルールがあるワン！ただ「FOR」パネルをおくだけじゃできないんだワン

「FOR」パネルを使ってつくったプログラム。
これで、ブロックを10個おくことができる

「FOR」とは「くり返し」作業をするときのおまじないなんだワン。くわしくはP.70をみてね。
「TO」は数字の間に入れることで、数字のはんいをしめすよ。
「DO」はうごかすことを指すんだワン。「END」は「終わり」っていう意味だワン。覚えておこう。

これだけでブロックが10個おけるんだ？

英語があってちょっと難しいかもしれないけど、まずはマネしてみよう！次のページからやりかたを説明していくワン！

第3章 「くり返し」でもっとラクに楽しく！

まずはマネしてつくってみよう

❶ まず、「New」をクリックして新しい「kurikaesi」というプログラムをつくろう。名前は好きにつけていいよ。次に「FOR」パネルをおこう。「FOR」パネルをおくと、画面に赤い部分が出てくるよ。

❷ スクロールバーを下にうごかして、「X」パネルをクリックして「FOR」の右の赤いところにおこう。そうすると、文字を入力する画面が出てくるよ。「X」とあらかじめ入力されているから、このまま「OK」ボタンをクリックしよう。

❸ こんどは、スクロールバーを下にうごかし、「=」パネルをクリックし、「X」パネルの右におこう。

「FOR」パネルをおく

パネルがみつからないときは、スクロールバーを上下にうごかす

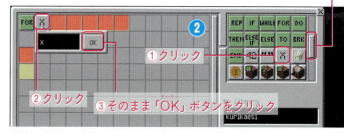
文字を入力する画面が出てくる。「X」パネルは一覧の真ん中ぐらいにあるよ

「X」というパネルがおかれたね

目的のパネルがみつからないときは、スクロールバーをうごかして探してみよう

「=」パネルをおこう。「=」パネルは一覧の下のほうにあるよ

66

「くり返し」をさせるには……？

❹ スクロールバーを上にうごかして 42 「42」パネルをクリック。「=」パネルの右におこう。あらかじめ「1」と入力されているから、そのまま「OK」ボタンをクリック。このパネルは、入力した数字がパネルにも出てくるよ。「1」と出てきたかな？

❺ パネル一覧の真ん中ぐらいにある TO 「TO」というパネルをクリックして、「1」パネルの右におこう。

❻ 「42」パネルをクリックしよう。また数字を入力する画面が出てくるけど、こんどは「10」と入力しよう。

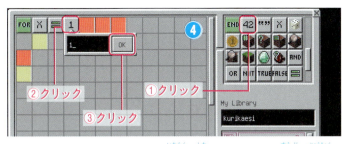

「42」パネルをおく。「42」パネルは一覧の下のほうにあるよ。数字を入力する画面が出てきて、「1」と入力されているので、そのままクリックする

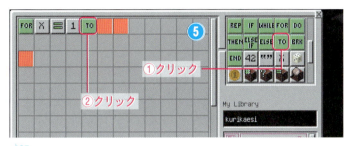

「TO」のパネルをおく

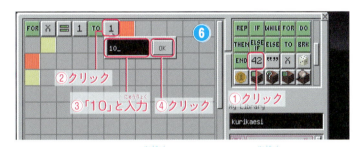

「42」パネルをおく。「10」と入力しよう。もともと1が入力されているので、0と入力するだけでいいよ

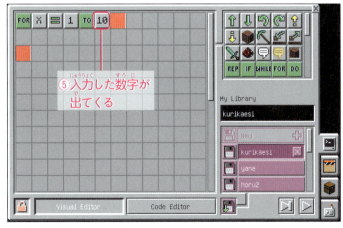

入力した数字がパネルにも出てくるよ。「10」と出てきたかな？

第3章 「くり返し」でもっとラクに楽しく！

⑦ 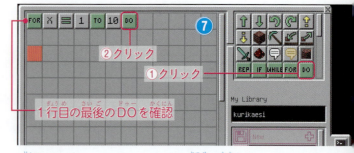「DO」パネルをクリックして「10」パネルの右におこう。

⑧ 1列目の赤い部分がなくなったね。いよいよ2列目に移るよ。2列目の黄色い部分には、くり返したいパネルをおいていくよ。今回は、「前にブロックをおく」パネル、その右に「後ろに進む」パネルをおこう。

⑨ いよいよ最後だ！ 4列目に赤い部分があるね。ここに「END」パネルをおこう。これでプログラムが完成！

「DO」がないとうごかないよ。これで1列目はOK！

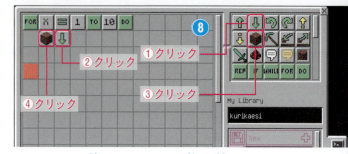

1マスとばして「前にブロックをおく」「後ろに進む」パネルをおく

赤い部分に「END」パネルをおこう

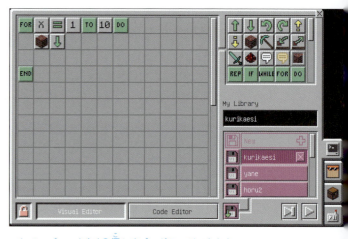

これで、ブロックを10個おくプログラムができた！

「くり返し」をさせるには……？

 ## プログラムを実行しよう

さあ、いよいよプログラムを実行させよう！　ブロックを10個、おくプログラムだから、実行する前にブロックを10個以上装備させるのを忘れないでね（装備のしかた→P.50）。

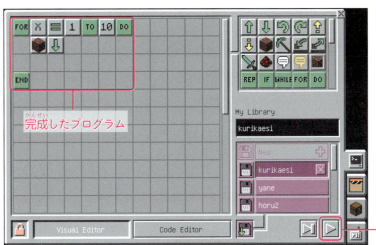

右下の「実行」ボタンをクリックすると……

 ─クリック

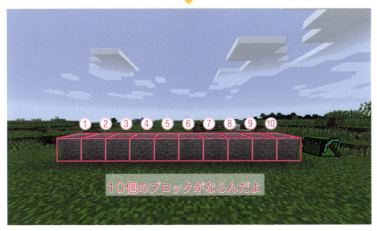

本当に10回、ブロックをおく動作をくり返した！

本当に10回くり返した！
こんなに短いプログラムなのに、すごい！

ちゃんとプログラムがうごいたかな？
次のページでは、この「FOR文」のしくみを説明するワン

69

第3章 「くり返し」でもっとラクに楽しく！

3 「くり返し」をさせるには……？
FOR文のしくみ

「FOR文」のしくみ

「FOR文」は、「FOR」パネルと「END」パネルではさまれた内容を、指定した回数だけくり返すというプログラムなんだ。

この「FOR文」は、「Xが1から10までの間、「ブロックをおく→1マス下がる」を実行する」という意味になるんだね！

「FOR」パネルはくり返しのおまじない

「X」パネルは「＝」パネルの横にある数字が入る箱と考えるといいよ

「TO」パネルで数字の範囲を示す

「DO」パネルでタートルをうごかすよ

左右の数字は、プログラムを何回から何回までくり返せばいいのかを指示しているよ。数字を変えるとくり返す回数も変わるんだ

「FOR」と「END」ではさまれた場所で指示した動作が、1列目で指定した回数だけくり返されるよ

「END」パネルでおわるよ

70

「くり返し」をさせるには……？

「FOR」文の例

「FOR」パネルのあとに、回数を指定したね。指定した回数だけくり返す例をみてみよう。

❶ FOR文では、「1から10まで」のように、最初の数字を「1」と指定しているよね。最初の数字を「1」とすることと同じなんだ。1から10までで10回くり返すよ。

❷「1から10まで」の「〇まで」の数字を変えると回数を変えられるよ。1から20までにすれば20回くり返すよ。

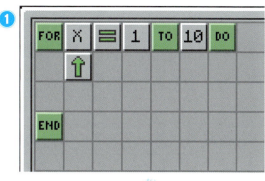

1から10までとなるので10回だね

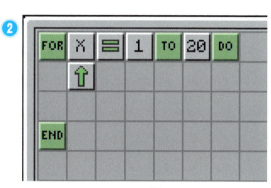

1から20までとなるので20回だね

100以上の数字を入れるとパネルでは「…」と表示されてしまうけど、指定した回数分だけしっかりくり返すワン

ハイレベル
はじめの数字を「1」とちがう数字にすると？

「〇から」の〇の数字を変えることもできるけど、何回やるのかわかりにくいから、ふつうはやらないよ。たとえば、6から10までにすると5回くり返すよ。ほかのプログラミング言語では1からでなくて、0からはじめることもあるよ。

6	7	8	9	10
1回目	2回目	3回目	4回目	5回目

6から10までで5回…わかりにくいね

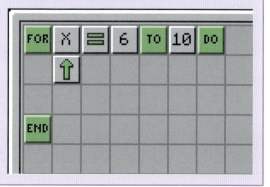

第3章 「くり返し」でもっとラクに楽しく！

4 「くり返し」を使ってみよう！
やってみよう① 20回ほる

くり返しをさせる「FOR文」のしくみがわかったところで、早速「FOR文」を使って、20マス分ほり続けるプログラムをつくってみよう！

山を見つけたよ。
トンネルをほり進んでいくプログラムをつくってみよう

「FOR文」のプログラム

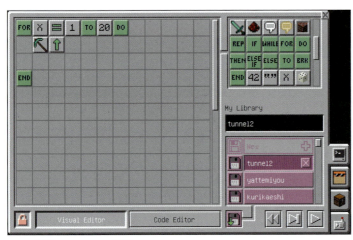

これが今回のプログラム画面

いっしょにやって、「FOR文」のおさらいをしよう！

「くり返し」を使ってみよう！

実際にやってみよう

❶ まずは、「New」をクリックして新しい「tunnel2」というプログラムをつくろう。名前は何でもいいよ。そして、パネル一覧から、「FOR」パネルを選んで、左上のマスにおこう。

❷「FOR」パネルの右に、「X」パネルをおこう。名前を入力できるけど、ここでは「X」のままでいいよ。

❸「X」パネルの右に、「=」パネルをおこう。

「FOR」パネルを選んで、左上のマスに、おく

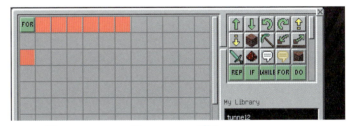

すると、赤いマスがいくつか出てくる。これを全部うめていこう

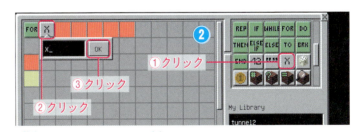

入力ができるけど、このまま「OK」ボタンをクリックしてね

次のマスは、「=」パネルだよ

第3章 「くり返し」でもっとラクに楽しく!

❹くり返したい回数を指示するよ。

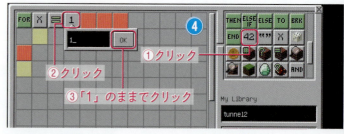

「=」パネルの右に「42」パネルをおこう。数字が入力できる。ここはこのまま「OK」ボタンをクリック

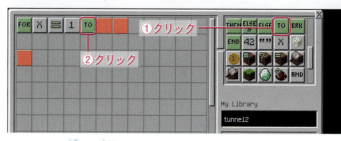

「1」パネルの右に、「TO」パネルをおこう

20回くり返すだったね

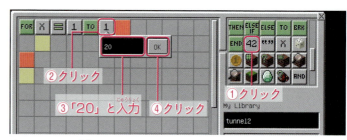

「TO」パネルの右に「42」パネルをおく。そして、くり返したい回数を入力するよ。「20回」だから「20」と入力するよ

❺1行目の最後に、「DO」パネルを置くのを忘れずに!

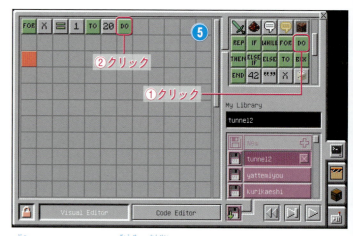

「DO」パネル。これで1行目は完成

「くり返し」を使ってみよう！

❻ 2行目に、「前をほる」パネルと「前に進む」のパネルをおこう。

❼ 最後の赤いマスに、「END」パネルをおけば完成！

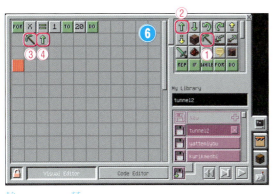
穴をほりながら進んでいくよ

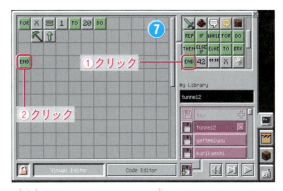
「END」パネルをおいて、これで終わり

これを実行すれば、タートルは20マス分ほり続ける

先が見えないよ…こわい！

エラー

砂のあるところは注意！

タートルは何もないところでほろうとすると止まってしまうね。砂があるところでも、ほったブロックの上にある砂が落ちてきて、前がふさがってしまい、エラーになるよ。タートルはプログラム通りに前に進もうとするけど、落ちてきた砂がじゃまをして、進めなくなるからなんだ。

タートルの前に砂が立ちふさがる

第3章 「くり返し」でもっとラクに楽しく！

5 「くり返し」を使ってみよう！
やってみよう② 20回ほる トンネル

キャラクターが通れるトンネルをほり進んでいくプログラムをつくってみよう。

この穴なら、キャラクターも進んでいけるね

 手順を考えてみよう（おさらい）

① 前をほる
② 前に進む
③ 上をほる
④ ①〜③をくり返す

①前をほる

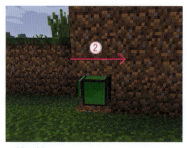

②前に進む

③上をほる

「くり返し」を使ってみよう！

実際にやってみよう

❶ まず、「New」をクリックして、「tunnel3」という新しいプログラムをつくろう。名前はなんでもいいよ。1行目は「20回ほる」でつくったものと同じだよ。同じFOR文をつくってみよう。

❷「前をほる」パネルをおくね。目の前のパネルをほる、「前をほる」パネルを選ぼう。

❸「前に進む」パネルをおこう。

❹「上をほる」パネルをおこう。

「20回ほる」をつくったときと同じようにパネルをおこう

「前をほる」パネルをおこう

「前にすすむ」パネルをおこう

「20回ほる」とほとんど同じだね！

真ん中の「上をほる」パネルをおこう

❺「END」パネルをおいたらプログラムの完成だよ。うごかしてみよう。

「END」パネルをおくのを忘れないようにしよう

第3章 「くり返し」でもっとラクに楽しく！

6 「くり返し」を使ってみよう！
やってみよう③　階段をつくる

「FOR文」で高いところにのぼれる階段を
つくってみよう。かんたんにつくれるよ。

階段は第2章P.57でもつくったね！

 手順を考えてみよう

❶「ブロックをおく」
❷「上に進む」
❸「前に進む」
❹ ❶〜❸をくりかえす

※うごかす前にタートルにブロック
　を装備させておこう

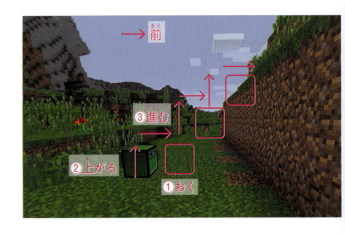

「くり返し」を使ってみよう！

タートルのうごき

①石をおく

②上に進む

③前に進む

③また石をおく

実際につくってみよう

❶ まず、「New」をクリックして、「stair」という新しいプログラムをつくろう。名前は何でもいいよ。そして、「FOR」パネルをおこう。おいたあとにあらわれる赤い部分をうめていけば、FOR文がつくれるよ。

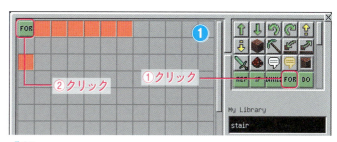
「FOR」パネルをおこう

❷ 「X」パネルをクリックして「FOR」パネルの右におこう。Xのままで「OK」ボタンをクリックしよう。

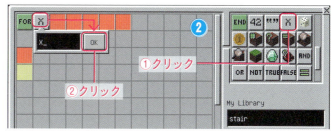
「X」パネルをおいて、「OK」ボタンをクリックしよう

❸ 「X」パネルの右に「=」パネルと「42」パネルをおこう。「42」パネルをおくと、数字を入力する画面が出てくるよ。ここは1のままで「OK」ボタンをクリックしよう。

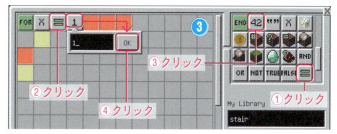
「=」パネルをおいたあと、「42」パネルをおくと、数字を入力する画面が出てくるよ

第3章 「くり返し」でもっとラクに楽しく！

❹「1」パネルの右に「TO」パネルと「42」パネルをおこう。「42」パネルをおくと、数字を入力する画面が出てくるから4と入力しよう。

❺「DO」パネルをおこう。

❻次の行の2マス目に「前にブロックをおく」パネルをおこう。一番左を選ぶよ。

❼「上に進む」パネルと「前に進む」パネルをおくよ。

❽「END」パネルをおいたらプログラムの完成だ！

「TO」パネルをおいて、その右に「42」パネルをおこう。数字を入力する画面が出てくるので「4」と入力しよう

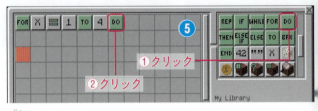
「DO」パネルをおこう

プログラムをうごかす前にタートルに石を装備させておくのを忘れないようにね！

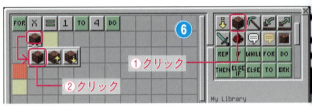
「前にブロックをおく」パネルをおこう。前におくので一番左を選ぶよ

「上に進む」パネルと「前に進む」パネルをおこう

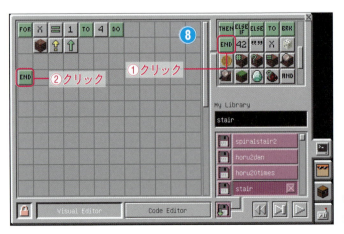

これで階段のできあがり！

「END」パネルをおいたら、プログラムの完成だ！

「くり返し」を使ってみよう！

7 「くり返し」を使ってみよう！
やってみよう④ らせん階段をつくる

「FOR文」でらせん階段をつくってみよう！

くるくる上に伸びていく階段をつくるワン！

手順を考えてみよう

1. 石をおく
2. 上に進む
3. 前に進む
4. 左を向く
5. ❶〜❹をくり返す

どうやってつくるのかな？

難しそうなかたちだね

第3章 「くり返し」でもっとラクに楽しく！

タートルのうごき

　タートルのうごきは基本的には階段をつくったときと同じだよ。最後に左を向くうごきが入るところが違うんだ！

前に石をおく

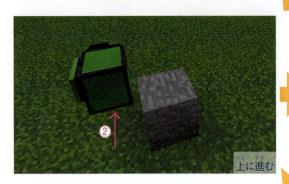
上に進む

前に進む

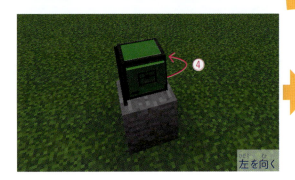
左を向く

また前に石をおく

ブロックがおかれる順番（➡はタートルが正面を向いている方向）

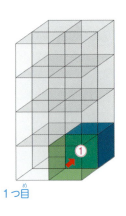
1つ目

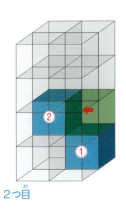
2つ目

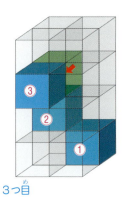
3つ目

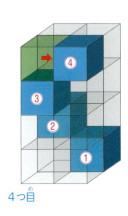
4つ目

「くり返し」を使ってみよう！

「らせん階段」のプログラム

　らせん階段のつくりかたはふつうの階段のプログラムとほとんど同じだよ。「階段をつくる」でつくったプログラムの最後に「左を向く」パネルをおけば、「らせん階段」のプログラムになるよ。タートルに石を装備させるのを忘れないようにね。

階段をつくるプログラムとほとんど同じだよ

やってみよう
こんな階段もつくれる！

くり返す回数をふやしたり、FOR文の中で階段を何段かつくってから左を向くようにすれば、おもしろいかたちのらせん階段をつくることができるよ。タートルに石をたくさん装備させるのを忘れないようにね！

雲へとどく階段もできるんだ！すごーい

こたえは ➡ P.142

❶
「石」を10個装備して、10回くり返してみよう

❷
たくさん「石」を装備して、何段か階段をつくってから左を向くようにしてみよう

クエスト

ダウンロードクエストに挑戦！
Q UEST さばくのステージ

さばくのステージにチャレンジ！

ダウンロードクエストにチャレンジしてみよう！ ダウンロードして遊ぶ方法はP.114を見てね！ 第3章で学んだことを使ってゴールを目指そう！

1 「さばくのステージ」は砂のドアから入ろう！

このとびらだよ！

2 ドアの先にある穴に飛びこもう！

穴に飛びこもう！

3つのクエストをクリアしよう！（こたえはP.143）

第3章の内容を使って見本の通りにタートルをうごかしたら、とびらの前にあるスイッチをふんでとびらを開けよう。

最後にある光のタワーの穴に飛びこめばクエストはクリアだよ！ 失敗した場合はリセットボタンをおしてやりなおそう。

クエスト1 左の見本通りに石をおけるかな？

見本 / クエスト

クエスト2 見本通りにこわしながら進めるかな？

見本 / クエスト

クエスト3 左の見本通りに石をおけるかな？

見本 / クエスト

第4章

とちゅうで ちがうことをする!?

たとえば、学校の帰りに寄り道することあるよね？ とっても簡単にいえば、いつもの道から違う道に行くことも「条件分岐」っていうんだ。そのしくみを学んでみるよ！

おうちの方へ

プログラミングにおいて「くり返し」と同じぐらい重要なのが、「条件分岐」という考えかたです。条件分岐を使ってさまざまなアルゴリズム（解法）をつくり出すことができます。

第4章 とちゅうでちがうことをする!?

1 条件分岐をさせるには？
じゃまものはこわせ？

タートルを前に進ませるプログラムをつくってみよう。でもタートルの先にブロックがあってじゃまをしているね。こんなときはどうすればいいんだろう？

タートルの前にブロックがある！

「ほる」「進む」？

ブロックがじゃまをしているから、「前をほる」を使ってこわせばいいね。タートルに「前をほる」「進む」をFOR文で10回くり返すプログラムをつくってみたよ。これでうまくうごくかな？

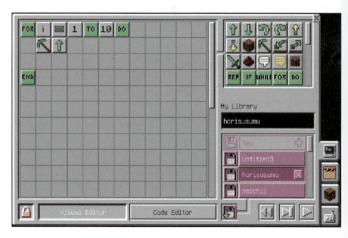

「ほる」「進む」をくり返すプログラム

条件分岐をさせるには？

 ## ブロックがずっとあれば進めるが……

ずっとブロックがある場所ならタートルはほって、進んでいくけど、ブロックがない場所で「ほる」をしようとするとエラーの表示が出て、タートルが止まってしまうよ。

あれ、何でだろう？

ずっとブロックがあればすすめる

 ## 「エラー」メッセージ

ブロックがあるところに進もうとしたり、タートルの前に何もないところで、「ほる」をしようとしたり、タートルができないことをしようとすると「実行」ボタンが赤い「停止」ボタンに変わってタートルがとまってしまうよ。このじょうたいを「エラー」というんだ。

何もないところで「ほる」をしようとするとエラーになってしまう。「Nothing to dig here」は「ここにはほるものがない」という意味なんだ

ブロックが前にあるのに「進む」をしようとしてもエラーになってしまう。「Movement obstructed」は「動きがじゃまされた」という意味なんだ

第4章 とちゅうでちがうことをする!?

2 条件分岐をさせるには？
まずはつくってみよう

タートルがブロックにぶつかってとまらないように進ませるには、タートルの前にブロックがあるかどうかでうごきを変える必要があるね。

前にブロックがあっても進み続けるプログラムをつくってみよう

条件によってちがううごきをさせる

プログラムはいつも同じことをするわけではないよ、条件によってうごきを変えることができるんだ。これを「条件分岐」と呼ぶんだよ。

メモ

「条件」と「条件分岐」とは

「条件」とは、たとえば学校に行くとき、雨がふっていたらかさをさすし、ふっていなければかさをささないよね？ このときの条件は、「雨がふっているかどうか」ということなんだ。雨がふっているか、ふっていないかによってかさをさすかささないか変わることを「条件分岐」というんだ。かんたんだね。

条件：目の前に何かある？

ある　　　　ない

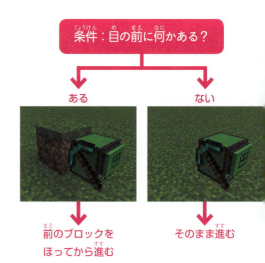

前のブロックをほってから進む　　そのまま進む

条件分岐をさせるには？

まずはマネしてつくってみよう

「条件分岐」をするためのプログラムをつくってみよう。しくみはあとで勉強するから、まずはマネしてつくってみよう。FOR文に使うアルファベットは「i」を使うようにすると、本格的なプログラミングをするときにもわかりやすいよ。

「i」を使う理由はいろいろあるけど、ここでは「Index」の頭文字の「i」だと覚えておこう！

①石を10個、ならべる
②前にブロックがあったらほる
③前にブロックがなかったら前に進む
④おわり

このプログラムをつくっていくよ

つくってみよう① FOR文をつくる

まず、FOR文をつくろう。条件分岐はFORと組み合わせてつかうことが多いよ。FORのつくりかたがわからなくなったら第3章を見てね。

①「New」をクリックして、新しい「IfDetectDig」というプログラムをつくろう。どんな名前でもいいよ。
②「FOR」パネルをおこう。
③「X」パネルをおいて、「i」と入力して、「OK」ボタンをクリックしよう。
④「=」パネルをおこう。
⑤「42」パネルをおいて、1のまま「OK」ボタンをクリックしよう。
⑥「TO」パネルをおこう。
⑦「42」パネルをおこう。10と入力して「OK」ボタンをクリック。
⑧最後に「DO」パネルをおこう。

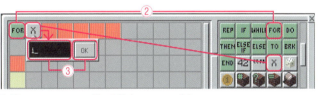

「X」パネルをおいてiと入力してから「OK」ボタンをクリックしよう

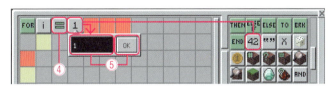

最初の数字は1のまま「OK」ボタンをクリックしよう

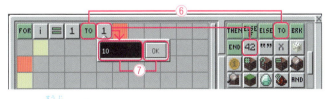

おわりの数字は10にしよう

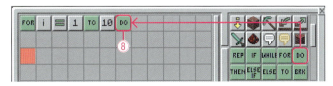

最後に「DO」パネルを入れるのを忘れないようにしよう

第4章 とちゅうでちがうことをする!?

つくってみよう② 条件分岐1

いよいよ条件分岐のプログラムをつくっていくよ。

❶ まず、IF「IF」パネルをおこう。
❷「IF」パネルの右に 「前を調べる」のパネルをおこう。ブロックの上に「?」マークがついたパネルだよ。前を調べるために使うから、一番左側のパネルをつかおう。
❸「前を調べる」パネルの右に「=」パネルをおこう。
❹「=」パネルの右に、TRUE「TRUE」パネルをおこう。
❺「TRUE」パネルの右にTHEN「THEN」パネルをおこう。

コツコツおいていこう！

メモ
「IF」パネル
「IF」パネルは「もしも」という条件分岐を行うパネルだよ。

メモ
「TRUE」パネル
「TRUE」パネルは「合っている」という条件を指定するパネルだよ。

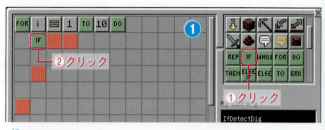

「IF」パネルをおこう

「みつける」パネルをおこう、一番左を選ぶよ

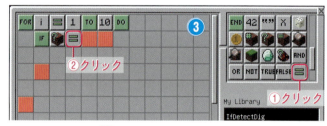

「みつける」パネルの右に「=」パネルをおこう

「=」パネルの右に「TRUE」パネルをおこう

「TRUE」パネルの右に「THEN」パネルをおこう

条件分岐をさせるには？

❻「前をほる」パネルをおくよ。
❼「END」パネルをおいたら1つ目の条件分岐の完成だ！

半分できあがり！

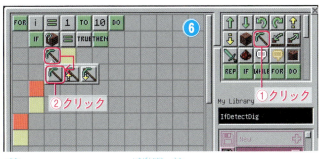

「前をほる」パネルをおこう。一番左を選ぶよ

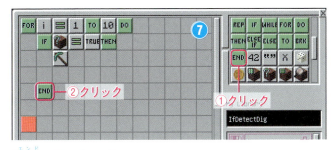

「END」パネルをおこう

つくってみよう③　条件分岐2

「END」パネルの下にもう1つIF文をつくっていくよ。つくりかたは、上とほとんどおなじだよ。

❶まず、「IF」パネルをおこう。
❷「IF」パネルの右に「前を調べる」パネルをおこう。「前を調べる」はブロックの上に「？」マークがついたパネルだよ。前をさがすために使うから一番左側の「前を調べる」パネルを使おう。

「IF」のパネルをおこう

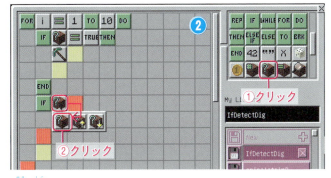

「前を調べる」パネルをおこう

第4章 とちゅうでちがうことをする!?

❸「前を調べる」パネルの右に「=」パネルをおこう。
❹「=」パネルの右に、「FALSE」パネルをおこう。

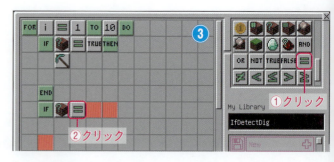

「=」パネルをおこう

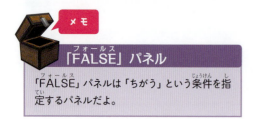

メモ
「FALSE」パネル
「FALSE」パネルは「ちがう」という条件を指定するパネルだよ。

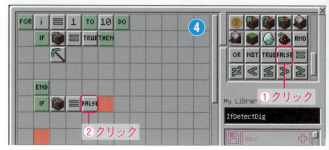

「FALSE」パネルをおこう

「FALSE」パネルの右に「THEN」パネルをおこう

❺「FALSE」パネルの右に「THEN」パネルをおこう。
❻「前に進む」パネルをおこう。

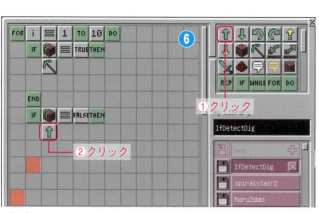

「前に進む」パネルをおこう

TRUEじゃなくてFALSEをおくワン

条件分岐をさせるには？

❼ 赤いところに「END」パネルをおこう。

❽ もう1つの赤いところにも「END」パネルをおこう。

パネルを全部おいたら、うごかしてみよう。

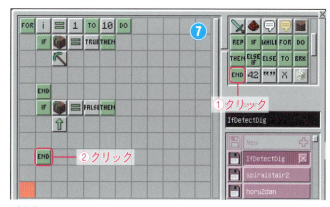
「END」パネルをおこう

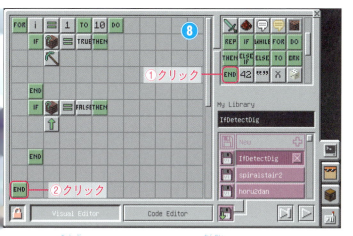
もうひとつ「END」パネルをおこう！　これで完成だ！

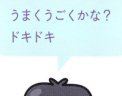
うまくうごくかな？
ドキドキ

 うごかしてみよう

　ブロックがじゃまをしている場所をみつけたら、タートルをうごかしてみよう。じゃまなブロックがあってもタートルは進んでいけるかな？

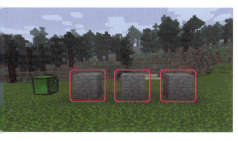
じゃまなものがあっても

タートルは止まらない！

93

第4章 とちゅうでちがうことをする!?

3 条件分岐をさせるには？
IF文のしくみ こわして進む

4-2でつくった条件分岐のしくみを学ぶよ。
どうやってうごいているのかな？

タートルの前に
ブロックがあるかな？

「前を調べる」のパネルをつかう

❶ 前のブロックを「前を調べる」
❷ あれば「ほる」
❸ なければ「前に進む」
❹ ❶〜❸をくり返す

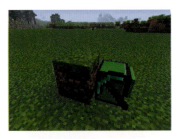

「前を調べる」
パネルだよ。

「前を調べる」パネルをつかうとタートルの前にブロックがあるかないかを調べることができるんだ。ブロックがあれば「TRUE」なければ「FALSE」になるよ。この本では「TRUE」をマルで、「FALSE」をバツで表すよ。

前になにかあるかな？

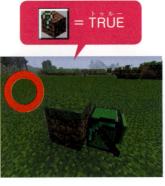
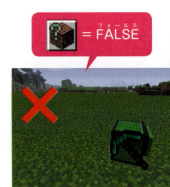

ブロックがあるよ！ ➡ ほろう！　　なにもないよ ➡ すすもう

条件分岐をさせるには？

条件分岐のしくみ

4-2でつくった条件分岐（FOR文）のしくみをみていくよ。「前を調べる」パネルをつかうと目の前にブロックがあるかどうかを調べることができることがわかったね。これを使ってブロックがあるときとないときでちがうことをさせよう。

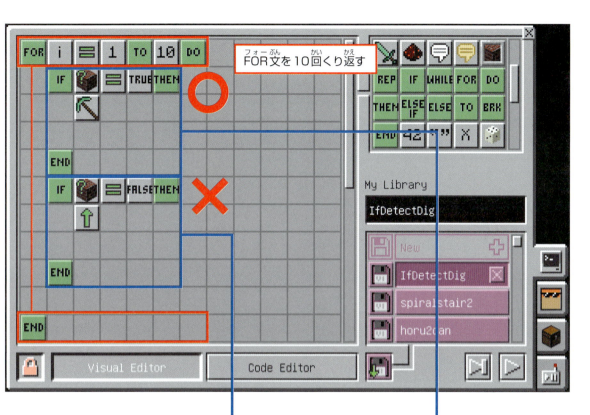

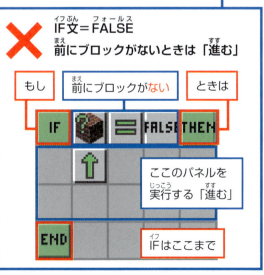

✗ IF文＝FALSE
前にブロックがないときは「進む」

○ IF文＝TRUE
前にブロックあるときは「ほる」

第4章 とちゅうでちがうことをする!?

4 条件分岐を使ってみよう！
やってみよう① 上をほり前に進む

上に石があったらそれをほりながら前に進んでいくプログラムをつくってみよう。

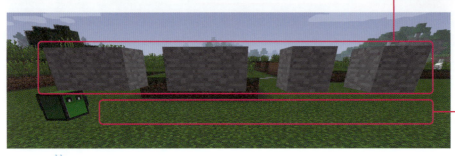

タートルの上にブロックがうかんでいる

上の段には石をおくよ。すきまをあけておいておこう。

下の段は何もおかないよ。じゃまなものがあればあらかじめ草をかったり、穴をうめたり、石をほって平らにしておこう。

石をほりながら進んでいこう

 手順を考えてみよう

❶ 上にブロックがあるか「上を調べる」
❷ あれば「上をほる」
❸ なければ「前に進む」
❹ ❶～❸をくり返す

上にブロックがあるかみつけながら進もう

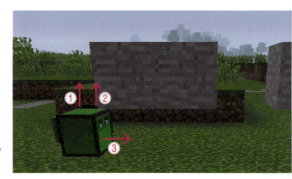

条件分岐を使ってみよう！

「上を調べる」パネルのうごき

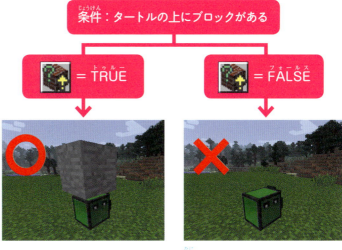

「上を調べる」パネルをつかうと、タートルの上にブロックがあるときには「正しい（TRUE）」、タートルの上にブロックがないときには「まちがい（FALSE）」になるよ。

実際につくってみよう

❶「New」をクリックして、新しい「IfDetectDigUp」というプログラムをつくろう。どんな名前でもいいよ。

❷ FOR文をつくる。

❸ IF文をつくっていこう。「上を調べる」パネルをおいていこうね。

❹「END」パネルを最後においてIF文を完成させよう。

これが「上を調べる」パネルだよ。

FOR文のつくりかたは前とおなじだよ！

IF文をつくっていこう。「上を調べる」パネルは真ん中だよ

さきにFALSEからつくるんだね

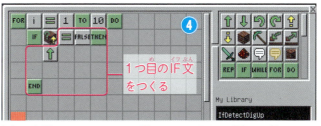

最初のIF文をつくっていこう。今回は「FALSE」の場合から先につくっていくよ。上に何もなければ「進む」パネルだね

第4章 とちゅうでちがうことをする!?

❺ もう1つのIF文をつくっていこう。ここでも「上を調べる」パネルをおこう。

❻ IF文の残りを完成させよう、最後に「END」パネルをおくのを忘れないようにしてね。

「上を調べる」パネルをIF文の中にいれよう

ここはFALSEでなくてTRUEだね

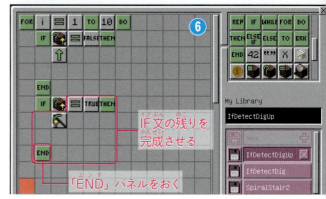

IF文の残りを完成させていこう。「上を調べる」パネルに対応するのは「上をほる」パネルだよ

最後に「END」パネルをおこう

❼ FOR文と対応する「END」パネルをもう1つおこう。これでプログラムの完成だ!

IF文のしくみ

上にブロックがあるときは上をほり、上にブロックがないときは前に進むようになっているよ。

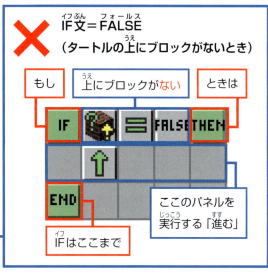

IF文＝FALSE
（タートルの上にブロックがないとき）

もし / 上にブロックがない / ときは

ここのパネルを実行する「進む」

IFはここまで

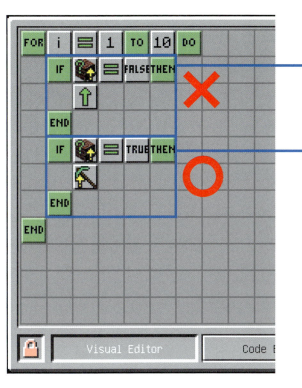

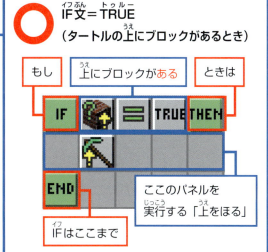

IF文＝TRUE
（タートルの上にブロックがあるとき）

もし / 上にブロックがある / ときは

ここのパネルを実行する「上をほる」

IFはここまで

うごかしてみよう

ブロックがじゃまをしている場所をみつけたら、タートルをうごかしてみよう。ブロックがあってもタートルは進んでいけるかな？

じゃまなブロックがあってもすすんでいくね

第4章 とちゅうでちがうことをする!?

5 条件分岐を使ってみよう！
やってみよう② 穴をうめて進む

穴をうめながら前に進んでいく
プログラムをつくろう。

穴があいているね

うめながら進んでいこう

📦 手順を考えてみよう

❶ 「前に進む」。
❷ タートルの下にブロックがあるかどうか「下を調べる」。ブロックがなければ「下にブロックをおく」。
❸ ❶〜❷をくり返す。
※タートルに石を装備させておくのを忘れないようにしよう（P.50をみてね）。

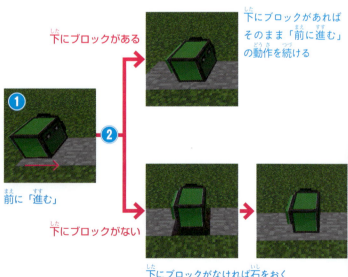

条件分岐を使ってみよう！

「下を調べる」パネル

　タートルは「下を調べる」パネルを使うとブロックが下にあるか調べられるよ。ブロックがタートルの下にあるときには「正しい（TRUE）」、ブロックがタートルの目の前にないときは「まちがい（FALSE）」のどちらかがわかるんだ。ここでは「FALSE」を使ってプログラムをつくっていくよ。

 これが「下を調べる」パネルだよ

ブロックがあるよ！　　　なにもないよ

実際につくってみよう

❶「New」をクリックして、新しい「IfDetectDownPut」というプログラムをつくろう。どんな名前でもいいよ。
❷FOR文をつくる。
❸「前に進む」パネルをおく。
❹IF文をつくっていこう。「下を調べる」パネルは右下にあるよ。

IF文をいれるFOR文をつくろう。つくりかたは「上をほり、前に進む」とおなじだよ！

「前に進む」パネルをおこう

「IF」パネルをおいて、右に「下を調べる」パネルをおくよ

101

第4章 とちゅうでちがうことをする!?

❺ IF文を完成させていこう。「下にブロックをおく」パネルは一番右にあるパネルだよ。

❻ 「END」パネルをおいてIF文を完成させよう。

❼ FOR文を完成させる、「END」パネルをおく。

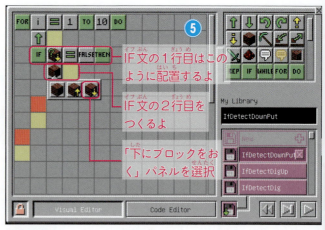

IF文を完成させていこう。「下におく」パネルをおくよ

FALSEのときだけつくればいいんだね

「END」パネルをおけばIF文の完成だ

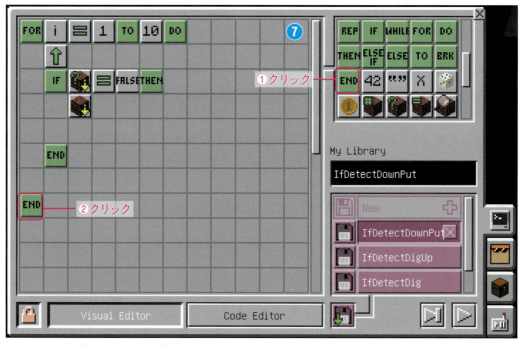

もうひとつ「END」パネルをおけば完成！これを見ながらパネルをおいていってもいいよ！

条件分岐を使ってみよう！

IF文のしくみ

条件が1つだけでも、プログラムはうごくよ。今回は、下にブロックがないときだけ石をおいていくプログラムだよ。

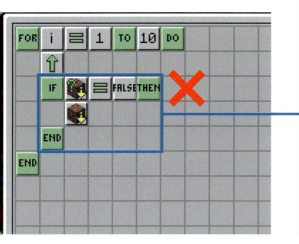

うごかしてみよう

穴があいているところでタートルをうごかしてみよう。穴がなくなるように石をおけたかな？　くり返す回数を変えながらあそんでみよう。

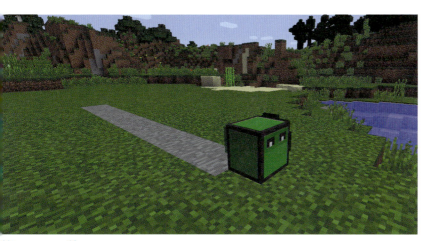

穴をうめながら進んだよ！

デコボコがなくなったね！

第4章 とちゅうでちがうことをする!?

6 条件分岐を使ってみよう！ やってみよう③ 見分ける

ダイヤモンド鉱石がうまっている場所をつくってみたよ。ダイヤモンド鉱石がうまっている場所がわかるようにタートルをうごかしてみよう。

「ダイヤモンド鉱石」という新しい素材が出てくるワン

石の中にダイヤモンド鉱石をうめた場所をつくってみたよ

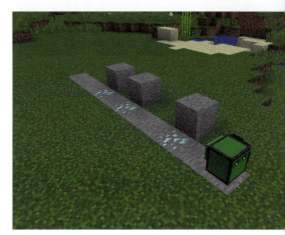
ダイヤモンド鉱石がある場所の横に目印の石をおこう

 手順を考えてみよう

❶ 前に進む
❷ 「下を見分ける」動作をしてダイヤモンド鉱石かどうか見分ける
❸ ダイヤモンド鉱石があれば横を向いて石をおく
❹ ❶〜❸をくり返す
※石を装備させておこう
　（P.50を見てね）

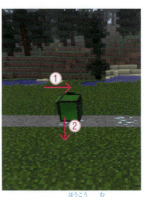

タートルは①の方向を向いているよ

条件分岐を使ってみよう！

「見分ける」パネルと「ブロック」パネル

「見分ける」パネルをつかうと、前や上下のブロックの種類を見分けることができるよ。「ブロック」パネルはマインクラフトのブロックの種類を選べるパネルだ。これを組み合わせれば見分けたブロックがほしいものかわかるんだ！

「見分ける」パネルでブロックの種類を見分けることができる

「ブロック」パネルはマインクラフトのブロックの種類から選べる

（下のブロックはダイヤモンド鉱石である）

ダイヤモンド鉱石である

下のブロックはダイヤモンド鉱石なので正しい（TRUE）になる

ダイヤモンド鉱石ではない

下のブロックはダイヤモンド鉱石ではないのでまちがい（FALSE）になる

実際につくってみよう

❶ 「New」をクリックして、新しい「IfInspectDia」というプログラムをつくろう。名前は何でもいいよ。

❷ IF文をいれるためのFOR文をつくっていくよ。FOR文の下には「前に進む」パネルをおこう

❸ IF文をつくっていこう。「下を見分ける」パネルをおこう

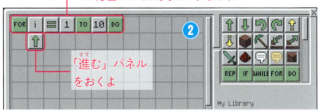

FOR文をつくっていこう。いままでと同じつくりかただよ

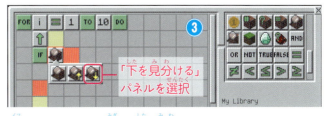

「IF」パネルをおいて、右に「下を見分ける」パネルをおこう

第4章 とちゅうでちがうことをする!?

❹IF文を完成させていこう。「ブロック」パネルをおくとブロックの種類を選べる画面がでてくるので、ここでは「ダイヤモンド鉱石」を選ぼう。

❺IF文を完成させていこう。ダイヤモンド鉱石があった場所の横に石をおくためのパネルをおくよ。

「ブロック」パネルはマインクラフトのパネルから好きな種類を選べる。
(一覧が出てこない場合はもともと入っている文字を消そう)

ヒント
IF文の中

IF文の中のうごきは下にあるようなうごきになるね。

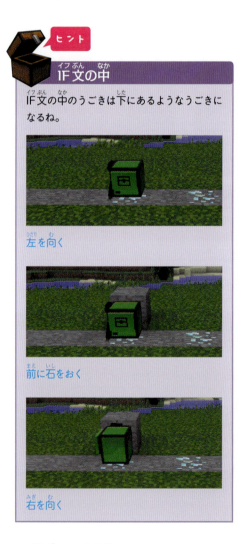

左を向く

前に石をおく

右を向く

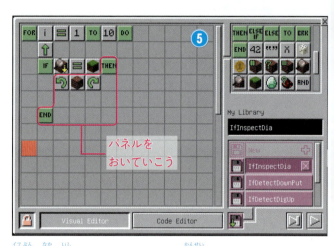

IF文の中に石をおくプログラムをいれて完成させよう

これでダイヤモンド鉱石がうまっている場所に目印をつけるプログラムの完成だ

❻最後に「END」パネルをおいてプログラムを完成させよう。

条件分岐を使ってみよう！

 IF文のしくみ

　下のブロックを「下を見分ける」パネルで見分けて、指定したブロックと同じだったらIF文の内容が行われるよ！

　「ブロック」パネルをきちんとダイヤモンド鉱石にしておかないと、思った通りにプログラムがうごかないから注意してね。

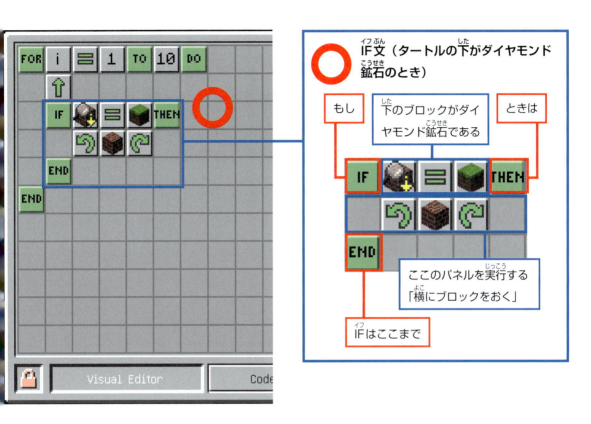

うごかしてみよう

　ダイヤモンド鉱石がある場所の横に石がおかれたかな？これができたら、ほかの種類のブロックを調べられるようにプログラムを改造してみよう！　見つけたいブロックをさがしてくれるプログラムになるよ！

ダイヤモンド鉱石以外のものも見分けてみよう！

第4章 とちゅうでちがうことをする!?

7 条件分岐を使ってみよう！
やってみよう④　整地マシン

前のブロックも上のブロックもほりながら進んできれいにしていく整地マシンをつくってみよう！

「整地」とは、デコボコにした地面をまっ平らな地面にすることだワン。たとえば校庭のグラウンドも「整地」されているんだワン

ブロックがならんでいるね

タートルにどんどんこわさせながら進んでいこう！

手順を考えてみよう

❶ ブロックが前にあるか「前を調べる」

❷ 前にブロックがあれば「前をほる」

❸ 「前に進む」

❹ 上にブロックがあれば「上をほる」

❺ ❶〜❹をくり返す

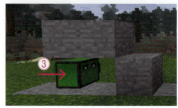

条件分岐を使ってみよう！

 「前を調べる」と
「上を調べる」

前に説明した「前を調べる」パネルと「上を調べる」パネルを両方使いながらブロックがあるかどうかを調べていくよ。

前にブロックがあるよ！

前に何もないよ

おさらいだワン！

上にブロックがあるよ！

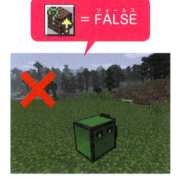
上に何もないよ

 実際に
つくってみよう

❶「New」をクリックして、新しい「LevelLand」というプログラムをつくろう。名前は何でもいいよ。
❷ IF文をいれるFOR文をつくる。
❸ IF文をつくって「調べる」パネルをおく。
❹ 残りのIF文を完成させる。

IF文をいれる「FOR文」をつくっておこう

IF文をつくっていこう。「IF」パネルをおいて、右に「調べる」パネルをおくよ

IF文を完成させよう

第4章 とちゅうでちがうことをする!?

5 IF文のあとに「前に進む」パネルをおこう

6 もう1つIF文をつくっていこう。「上を調べる」パネルをIF文の中にいれるよ。

7 IF文を完成させよう。「END」パネルをおくのを忘れないようにね。

8 FOR文に対応する「END」パネルをおけばプログラムの完成だ！

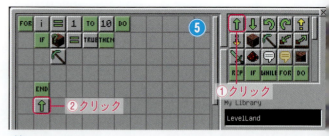
「進む」パネルをおこう

もうひとつIF文をつくろう。「上を調べる」パネルをつかうよ

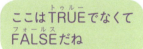

ここはTRUEでなくてFALSEだね

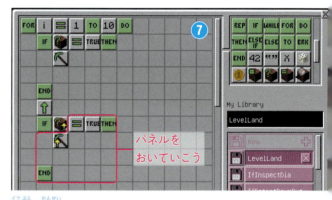
IF文を完成させよう

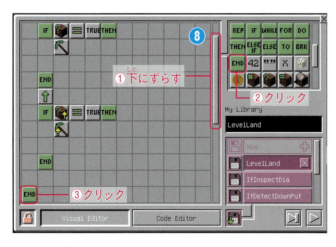
最後の「END」パネルをおけばプログラムが完成！

条件分岐を使ってみよう！

IF文のしくみ

　前にブロックがあるとき、上にブロックがあるとき、それぞれほりながら進んでいくことができるプログラムになっているね！

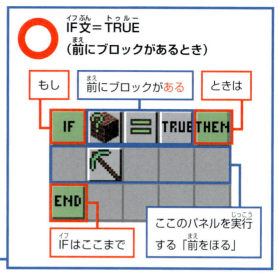

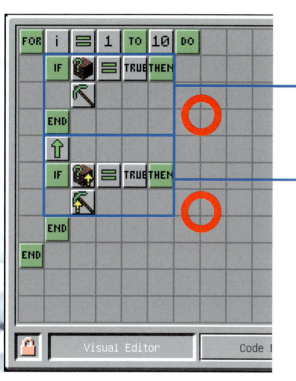

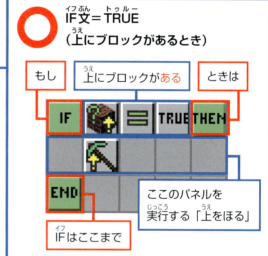

うごかしてみよう

　タートルは前や上のブロックをこわしながら進んでいけたかな？　一列だけでなく、さらに広く整地しながら進んでいくにはどうしたらいいか考えてみよう。

さらに広く整地していくにはどうしたらいいかな？

クエスト

ダウンロードクエストに挑戦！
QUEST 雪のステージ

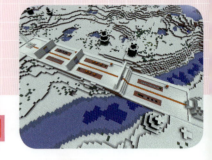

雪のステージにチャレンジ！

ダウンロードクエストにチャレンジしてみよう！ダウンロードして遊ぶ方法はP.114を見てね！第4章で学んだことを使ってゴールを目指そう！

1 「雪のステージ」は氷のドアから入ろう！

このとびらだよ！

2 ドアの先にある穴に飛びこもう！

雪穴に飛びこもう！

3つのクエストをクリアしよう！（こたえはP.144）

第4章の内容を使って見本の通りにタートルを動かしたら、とびらの前にあるスイッチをふんでとびらを開けよう。

最後にある氷のタワーの穴に飛びこめばクエストはクリアだよ！失敗した場合はリセットボタンを押してやりなおそう。

クエスト1 ダイヤモンド鉱石を見つけたらほるようにできるかな？

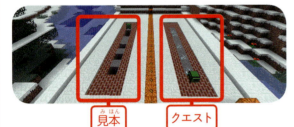

見本　クエスト

クエスト2 ブロックがあったらよけて進むようにできるかな？

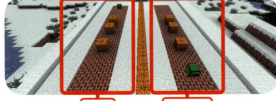

見本　クエスト

クエスト3 穴をうめて前をほって整地できるかな？

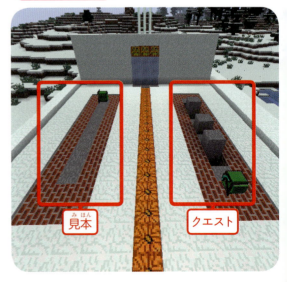

見本　クエスト

第5章

クエストに挑戦だ！

ここまで来た君たちなら、ちょっと難しいことに挑戦したくなるはず。ここではクエストっていうちょっとしたぼうけんに挑戦してみるよ！

おうちの方へ

いままで学習してきたプログラムの考えかたを応用して自分で課題を解く章です。課題の答えは1つではありません。課題を通して主体的に思考する力を養います。

第5章 クエストに挑戦だ！

1 ファイルをダウンロードしよう！
配布データの導入

ダウンロードクエストをプレイするための方法だよ。パネルでのプログラミングに慣れたら挑戦してみてね。

わからなかったらおうちの人に聞いてみてね

ファイルのダウンロードと解凍

ダウンロードサイト

http://www.shoeisha.co.jp/book/detail/9784798149110

にアクセスして「クエストデータのダウンロード」をクリックして、ファイルをダウンロードするよ。ダウンロードしたファイルを解凍しておこう。

圧縮ファイルを解凍しておこう

フォルダーを開く

❶ マインクラフト・ランチャーの「起動オプション」ボタンをクリックして使っている起動オプションの編集画面を表示するよ。

❷「フォルダーを開く」ボタンをクリックしてマインクラフトのデータがあるフォルダーにアクセスしよう。フォルダーが開いたらこの画面は閉じていいよ。

起動オプション

起動オプションの設定画面

クリック

ファイルをダウンロードしよう！

「saves」フォルダーに解凍したデータをコピー

マインクラフトのゲームフォルダーが自動で開く。解凍されたデータをまるごと「saves」フォルダーにコピーしよう。これでクエスト専用のワールドがマインクラフトに組みこまれるよ。

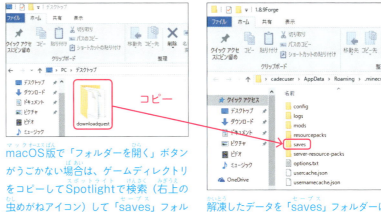

macOS版で「フォルダーを開く」ボタンがうごかない場合は、ゲームディレクトリをコピーしてSpotlightで検索（右上の虫めがねアイコン）して「saves」フォルダーを開こう

解凍したデータを「saves」フォルダーにコピーしよう

ダウンロードクエストをプレイしよう

❶ マインクラフト・ランチャーで「プレイ」ボタンをクリックしてマインクラフトを起動しよう。

クリック

「クエスト」が組みこまれたかどうか、確認してみよう

❷「シングルプレイ」ボタンをクリックするよ。

❸「クエスト」ボタンをクリックし、「選択したワールドで遊ぶ」ボタンをクリックしよう。ダウンロードクエストの世界がはじまるよ。

ランチャーからマインクラフトを起動！「シングルプレイ」ボタンを選ぶよ

「クエスト」が追加されていれば成功だ！

第5章 クエストに挑戦だ！

2 ダウンロードクエストにチャレンジ！
海底神殿を探検しよう

ダウンロードクエストは広大な海底神殿になっているぞ！ ファイナルステージのドアから海底神殿に向かう穴に飛びこもう！

ファイナルステージのドアから、海底神殿の入口に行くことができるぞ！

クエスト1 ➡ P.118
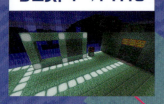

クエスト2 ➡ P.119

クエスト3 ➡ P.120

クエスト4 ➡ P.121

クエスト5 ➡ P.122

ダウンロードクエストにチャレンジ！

ゴール！

穴に入ると スタート地点 にもどるよ

クエスト10 ➡ P.127

クエスト9 ➡ P.126

クエスト8 ➡ P.125

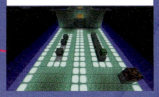

クエスト7 ➡ P.124

クエスト6 ➡ P.123

まちがえたときはここのスイッチをおして リセットできるぞ！

第5章 クエストに挑戦だ！

クエスト1　見本通りにほれるかな？

　かべにうまっているタートルをプログラムして、左の見本と同じかたちにほってみよう。タートルの向きをうまく変えながら全部のブロックをほることができるかな？
　ほることができたらドアの前の判定スイッチに立って次のクエストに進もう！

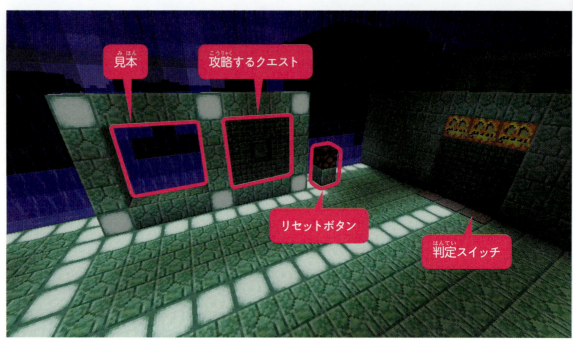

見本

攻略するクエスト

リセットボタン

判定スイッチ

水の神殿で待ち受ける第1の関門だ！

 ヒント

ほる順番を考えよう

タートルがどの方向を向いているかを考えて、どんな順番でほっていくか考えてみよう。ほる順番を紙に書いてからプログラミングすると簡単だよ。

タートルのまわりの8個のブロックをほろう

こたえは ➡ P.145

タートルの向きに注意しよう！

ダウンロードクエストにチャレンジ！

クエスト2　見本通りにほれるかな？

　クエスト1の応用問題だよ。見本のかたちはさらに複雑なものになっているね。左の見本と同じかたちになるようにプログラミングしよう。ブロックをほったらドアの前の判定スイッチに立って次のクエストに進もう！

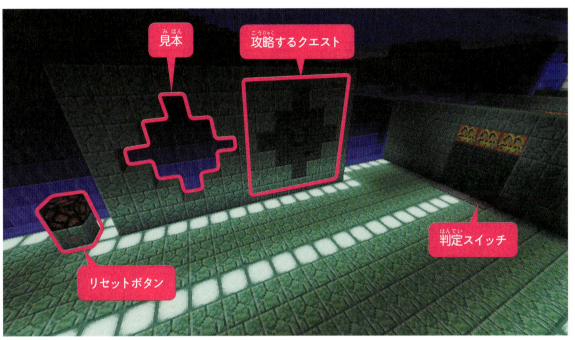

十字にほられたなぞのモニュメントを攻略しよう

ヒント
ほる順番を考えよう

12個ブロックをほるためには、どんな順番でタートルをうごかすか、まず紙に書いて考えてみよう。
FOR文やIF文を使わないでもクリアできちゃうよ。

12個のブロックをほらないといけない

こたえは ➡ P.145

タートルをできるだけうごかさないで、前や上下をほっていくとラクだワン

第5章 クエストに挑戦だ！

クエスト3 見本通りにブロックをつめるかな？

もともとおいてあるブロックと同じかたちにブロックをつむクエストだよ！ 十字のかたちにブロックをおくにはどうしたらいいかな？ 同じかたちをつくったらドアの前の判定スイッチに立って、次のクエストに進もう！

十字のかたちにブロックをつむクエストだ！

ヒント
おく順番を考えよう

十字のかたちをつくるには5個ブロックをならべる必要があるね。タートルをうごかすパネルと「前にブロックをおく」パネルをつかえば、十字のかたちをつくることができるよ。

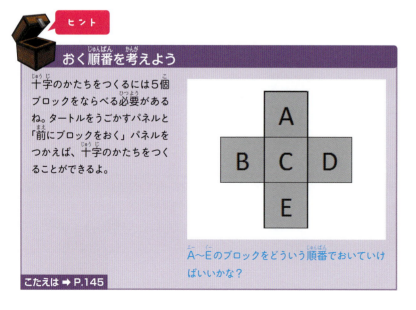

A〜Eのブロックをどういう順番でおいていけばいいかな？

こたえは ➡ P.145

クエストでは必要なブロックがタートルに自動で装備されているワン

クエスト4 見本通りにブロックをおけるかな？

　かたちはちがうけれどクエスト3と同じように、見本と同じかたちにブロックをおくクエストだよ！　ピラミッドみたいなかたちをつくろう。中はからっぽなので、ブロックをおく必要はないよ。

ピラミッドをつくって判定スイッチの前に立ってドアをあけよう！

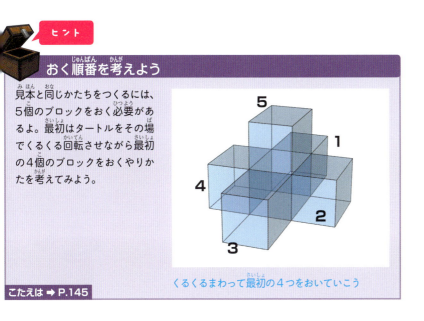

ヒント

おく順番を考えよう

見本と同じかたちをつくるには、5個のブロックをおく必要があるよ。最初はタートルをその場でくるくる回転させながら最初の4個のブロックをおくやりかたを考えてみよう。

くるくるまわって最初の4つをおいていこう

こたえは ➡ P.145

タートルをその場からうごかさないで、向きを変えるだけで、できるよ！

第5章 クエストに挑戦だ！

クエスト5 見本通りにブロックを入れかえられるかな？

　タートルをあやつって見本と同じようにブロックを入れかえよう。「ほる」と「おく」をうまく組み合わせるとうまくできるよ。

　難しいのは、どういう風にタートルをうごかしたらいいかだ！　うごきを紙に書いて考えてみよう。

かべのもようを完成させよう

ヒント
ほる、おくの順番を考えよう

おなじ模様をつくるには、8個のブロックをおきかえる必要があるね。タートルをどういう順番にうごかせば簡単か考えてみよう。

8マスのブロックをおきかえよう

こたえは ➡ P.145

タートルを上下左右に自在にあやつって模様をつくろう

ダウンロードクエストにチャレンジ！

 クエスト6 FOR文でブロックをおけるかな？

　見本と同じようにブロックをつんでタワーを完成させよう。タワーは5段なので、いくつもつまないとタワーがつくれないね。

　FOR文を使ってくり返すやりかたでタワーをつくってみよう。クリアしたらドアから次のクエストに進もう。

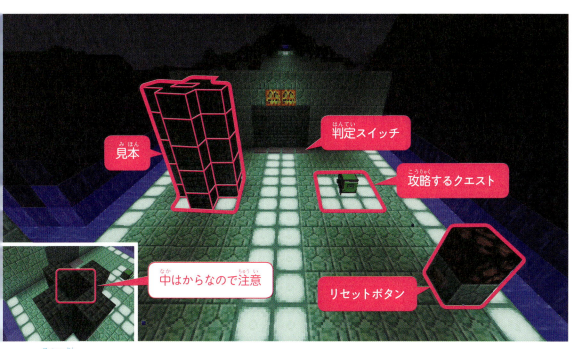

タワーをFOR文でつくってみよう。

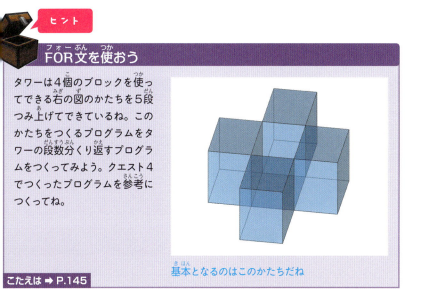

FOR文を使おう

タワーは4個のブロックを使ってできる右の図のかたちを5段つみ上げてできているね。このかたちをつくるプログラムをタワーの段数分くり返すプログラムをつくってみよう。クエスト4でつくったプログラムを参考につくってね。

基本となるのはこのかたちだね

こたえは ➡ P.145

タワーをつくろう！

第5章 クエストに挑戦だ！

クエスト7 見本通りにブロックをおけるかな？

　面白いかたちをしたオブジェをつくってみよう。難しいかたちなので、ゆっくりおきかたを考えてみよう。2個ずつおくように考えるとわかりやすいよ。つくりかたを考えて紙に書いてみても面白いね。

このクエストの最難関問題だよ！

ヒント
かたちを理解しよう

見本のかたちがわかるようになるまで、ゆっくり考えてみよう。すこし難しいかもしれないけど、じっくりやってみれば、つくりかたの糸口が見えてくるよ。2段ごとに左に曲がる階段が2つあるかたちだよ。

こたえは ➡ P.145

らせん階段に似たかたちだよ

別の角度から見るとこんなかたちだよ

ダウンロードクエストにチャレンジ！

 クエスト8 見本通りにほれ！

　FOR文とIF文を使ってブロックの下にうまっているダイヤモンド鉱石を見分けるマシンをつくってみよう。ブロックをほって下を調べ、何もなければブロックをおきなおして、ダイヤモンド鉱石があればブロックをほったままにしておくプログラムだよ。

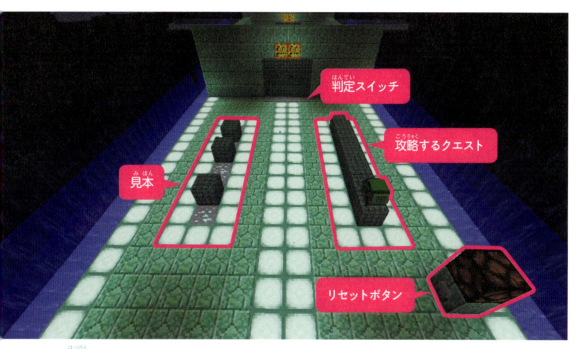

ダイヤモンドを発見させよう！

ヒント

「下を見分ける」パネルと「ブロック」パネルをつかおう

IF文の中にP.104でしょうかいした、ブロックを調べるコマンドを組みこんでつかうよ。

下をほったあと、ブロックを調べよう

ダイヤモンドがあるかどうか確認できる

こたえは ➡ P.146

もし〇〇だったら□□する、「そうでなかったら」△△する、というプログラムをIF文のあとに ELSE「ELSE」パネルをおくとつくれるよ。ELSEは「そうでなかったら」という意味だワン！

第5章 クエストに挑戦だ！

クエスト9 見本通りにうめられる？

見本と同じかたちになるようにブロックをおいていこう。IF文をつかって、上や下にブロックがないところをみつける方法を使えば、ブロックの配置が変わっても同じプログラムでできるよ。

ブロックをうめていこう

ヒント
IF文で上下にブロックがない場所をみつけよう

「上を調べる」パネルと「下を調べる」パネルを使いながらタートルの上下を調べて、ブロックがない場所にブロックをおいていこう。

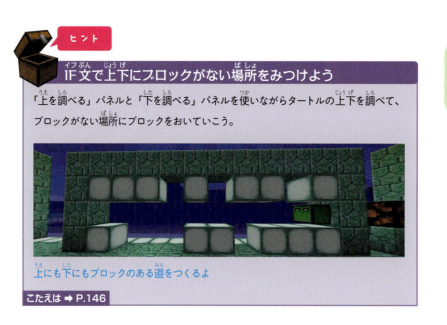

上にも下にもブロックのある道をつくるよ

こたえは ➡ P.146

IF文で「上を調べる」、「下を調べる」パネルをつかうんだね

ダウンロードクエストにチャレンジ！

クエスト10　整地マシン２！

　左右のブロックをほりながら進んでいく整地マシンをつくろう。全部ブロックをほることができるかな？　左右を向くパネルとFOR文とIF文を組みあわせてブロックがあれば、ほっていくプログラムをつくろう。

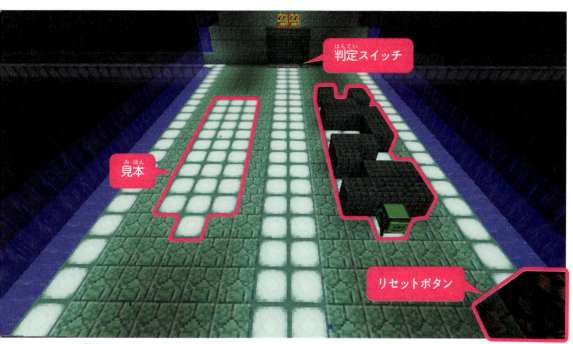

とにかくブロックを全部こわそう！

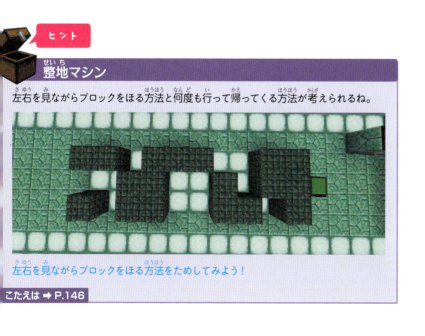

左右を見ながらブロックをほる方法をためしてみよう！

こたえは ➡ P.146

一気にほれそうなかたちだね

第5章 クエストに挑戦だ！

3 プログラムをつくるときには
設計図をつくってみよう

プログラムをつくるときは設計図を先につくっておくとラクだよ。難しいプログラムだなと思ったら設計図をつくろう。

 設計図を書いてみよう

まずアイデアシートを書こう

まず、アイデアをまとめたアイデアシート（設計図）をつくるよ。

❶つくりたいものを一言で説明する
❷やりかたを書き出してみる
❸絵にしてみる（絵の段階で書き直してみる）

 どんなプログラムをつくろうかな？

①一言で説明する

何をするのか明確にしてみよう。つくりたいものはひとことでいうと、どんなものかな？だれに遊んでもらうのかを考えながら書いてみよう。

②やりかたを書き出してみる

どんな風にやるのかをリストアップしてみよう。できないことはあるかな？

③イメージを具体的な絵にしてみる

自分の考えを絵でかたちにしてみよう。完成形はどんな風になるかな？ うまくいきそうかどうか絵の段階で考えておいて、直しておけばあとで直すより楽ちんだね。

プログラムをつくるときには

プログラムをつくる順番を考えよう

開発シートはプログラムをつくるときにやることをリストにしたものだよ。これがあるとプログラムをつくるときに何から始めたらいいのかわかるし、どれぐらいの時間でプログラムができあがるかわかりやすいね。

開発シートのつくりかた
1. 名前をつける
2. やることを細かく分類する
3. つくっていく順番を決める

①名前をつけてみよう
どんなタイトルになるかな？

②やることを
　こまかく分類する
思いつくだけ書き出してみよう

③つくっていく順番を
　決める
どれに時間がかかりそうかな？

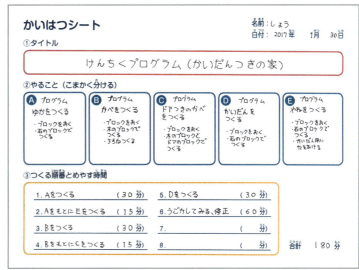

思い通りうごくかしらべよう

プログラムをつくっても、思った通りにうごくかどうかはわからないよ。実際にうごかしてみておかしなところを直そう。思ったよりも修正に時間がかかることがあるから、時間をとっておくとよいよ。

1回目ではほとんどうまくいかないワン！

第5章 クエストに挑戦だ！

クエストはどうだった？

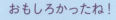
おもしろかったね！

もっとやりたいワン！

ヒント

タートルが遠くに行ってしまったときは

リモコンの画面を閉じたあと、タートルが遠くに行ってしまったら、タートルを右クリックしてリモコンを出すのが大変だよね。

そんなときはキーボードの0（ゼロ）キーをおしてみよう。タートルのリモコンが手元にもどってくるよ。

タートルが遠くに行ってしまった！

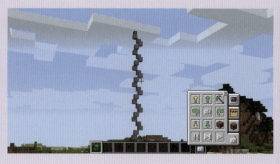
リモコンがもどってきた！

第6章 もっともっとトライしてみよう！

前の章でもまだ物足りない君！ ここではもっとむずかしいことに挑戦してみよう！ ここで学んだことを使って、いろいろアレンジしたものをつくってみても楽しいよ！

おうちの方へ

ComputerCraftEduではほかにもパネルがあり、それを使えばさらに応用的なことができます。知識が増えればやれることが増えるのはほかのプログラミング言語でも同じです。

第6章 もっともっとトライしてみよう！

1 プログラムでマインクラフトをもっと楽しもう！
ドアつきのかべをつくる

ドアつきのかべを自動でつくってくれるプログラムをしょうかいするよ。そのままマネして使ってみよう。

タートルがかべとドアをつくってくれるよ

プログラム

このプログラムをうごかすとドアつきのかべをタートルが自動でつくってくれるよ。

タートルのアイテムスロット1番には木を7つ、アイテムスロット2番にはドアを1つもたせよう

このままマネしてつくってみよう。「選ぶ」パネルは次のページで説明しているよ

プログラムでマインクラフトをもっと楽しもう！

「選ぶ」パネルのつかいかた

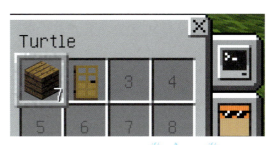

「選ぶ」パネルをつかうと、タートルが装備しているブロックの中から、どれを使うかを選ぶことができるんだ。

タートルのアイテムスロットの1番に木を、2番にドアをおいたよ

右のはしが「選ぶ」パネルだ

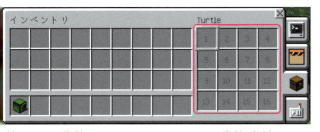

「選ぶ」のパネルの右に1をおけばアイテムスロットの1番にある木を選ぶよ。2番をおけばドアを選ぶんだ

「選ぶ」ものの番号はタートルのアイテムスロットの番号と対応しているよ！

3色のかべをつくるプログラム

タートルのアイテムスロットは16番まであるから、いくつもブロックを装備させていろいろなかたちをつくることもできちゃうよ。

3種類のブロックを5個ずつ装備させておこう

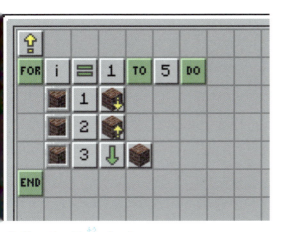

プログラムはこんな風になるよ

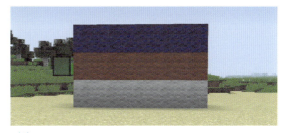

3色のきれいなかべができた！

第6章 もっともっとトライしてみよう！

2 プログラムでマインクラフトをもっと楽しもう！
鉱石発見プログラムをつくる

このプログラムをうごかすと目的のブロックを発見したときにタートルが左下に文字を送ってくれるんだ！

タートルがみつけたときに報告してくれる！

 プログラム

「もしタートルが目的のブロックをみつけたら教えてくれる」プログラムだから、IF文を使えばいいね。

前に石炭鉱石があると
いう、文字列
トンネルをほる

このままマネしてつくってみよう。「いう」パネルと「文字列」パネルは次のページをみてね

今回は石炭鉱石をさがしているよ

134

「いう」パネルと「文字列」パネルのつかいかた

「いう」パネルは「文字列」パネルの左において使うよ。「いう」パネルの右においた「文字列」の内容をタートルがチャットをするみたいに文字で送ってくれるよ。アルファベットしか使えないから注意してね。

「いう」パネルの右に「文字列」パネルをおいてつかうよ！

これが「いう」パネルと「文字列」パネルだよ！

しゃべらせたい内容を入力して「OK」ボタンをクリックしよう

トンネルのほり終わりを教えてくれるプログラム

下のプログラムはトンネルをほり進んでほるブロックがなくなったら報告してくれるよ。いつ終わったかわかるから便利だね。

ほり終わったら教えてくれる！

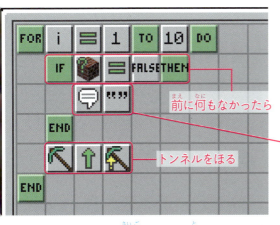

前に何もなかったら

トンネルをほる

このプログラムのままだと、最後にエラーで止まっちゃうけど、P.138で説明する「BRK」パネルを「文字列」パネルの右におくと、エラーも出なくなるよ

文字列にはアルファベットを使おう

第6章 もっともっとトライしてみよう！

3 プログラムでマインクラフトをもっと楽しもう！
作物収穫タートル

作物を自動で収穫してくれるプログラムをしょうかいするよ。サバイバルモードでもかつやくするかもしれないね。穴をほって「水入りバケツ」で水を入れ、左右を「荒い土」にして、「くわ」で耕して、「種」をまくと作物ができるよ。

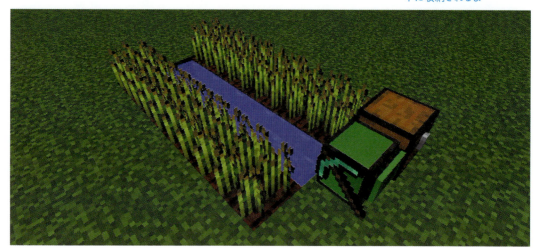

タートルが作物を収穫してくれるプログラムだよ。とってきたアイテムは右下のチェストに収納されるよ

 ## プログラム

このプログラムを使うとタートルが自動的に作物を収穫して、チェスト（アイテムをしまう箱）に収納してくれるよ。マネしてつくってみよう。

「ドロップアイテム」パネルは次のページをみてね

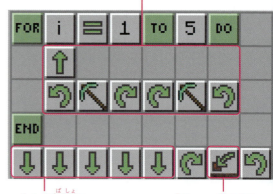

左右を向きながらほってすすむ

もとの場所にもどる

「ドロップアイテム」でチェストにしまう

「ドロップアイテム」パネルのつかいかた

これが「ドロップアイテム」パネルだよ

「ドロップアイテム」パネルはタートルがもっているアイテムを目の前に落とす機能をもったパネルだよ。ドロップというのは英語で落とすという意味なんだ。

チェストのそばでドロップすればタートルが落としたアイテムはチェストに自動でしまわれるよ。右のパネルと似ているからまちがえないようにしよう。右のパネルはアイテムを「ひろう」パネルだよ。

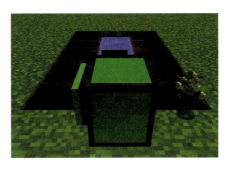

目の前にアイテムを落とすよ

丸石回収プログラム

溶岩に水が流れこむと丸石ができるよ。このプログラムはそうしてできた丸石を自動で回収してくれるプログラムなんだ。

溶岩に水が流れこんで丸石ができるところにタートルをおいて、丸石を回収して横のチェストに収納していくプログラムになっているよ。

ここでは見やすいようにガラスでかこんでいるよ。「溶岩入りバケツ」で溶岩を、「水入りバケツ」で水を入れて、下の部分（タートルの前）でまざるようにしているんだ。

丸石をほって回収しよう

丸石をチェストにしまう　回っている間に次の丸石ができるよ

丸石の回収プログラムだよ

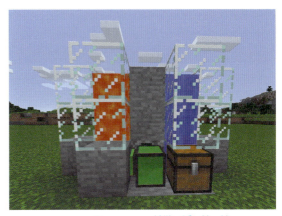

プログラムをうまく活かすために溶岩と水の通り道をどうつくるか、自分で考えてみよう

第6章 もっともっとトライしてみよう！

4 プログラムでマインクラフトをもっと楽しもう！
きこりタートル

木を切って材木を自動で回収するプログラムをしょうかいするよ。木の高さがわからなくてもだいじょうぶ！

木を切って材木を自動で回収するプログラムだワン

「BRK」パネルのつかいかた

「BRK」パネルはFOR文やIF文の中でくり返しをやめたいときにつかうパネルだよ。たとえばIF文の中に「BRK」パネルを入れれば、指定した回数をくり返さなくてもプログラムをとちゅうでやめることができるんだ。

「BRK」パネルは「TO」パネルの右にあるよ

プログラムでマインクラフトをもっと楽しもう！

プログラム

右の図がきこりプログラムだよ。プログラムの中にくり返しと条件分岐がたくさん入っているので、難しいね。よくわからない場合は、そのままマネしてつくってみるだけでもいいよ。

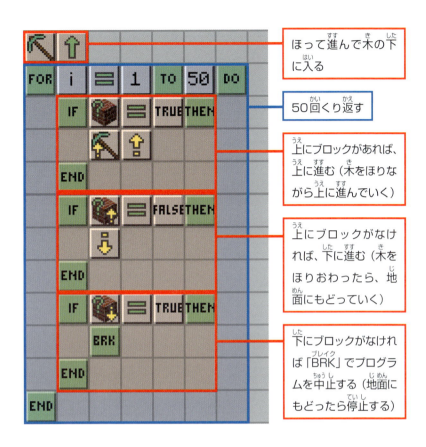

ほって進んで木の下に入る

50回くり返す

上にブロックがあれば、上に進む（木をほりながら上に進んでいく）

上にブロックがなければ、下に進む（木をほりおわったら、地面にもどっていく）

下にブロックがなければ「BRK」でプログラムを中止する（地面にもどったら停止する）

はしご設置プログラム

かべにはしごをかけるプログラムだよ。タートルにはしごを20個装備させるのを忘れないようにしよう。

かべがなくなったらプログラムをとめる

はしごを設置していく

どんな高さかわからなくてもOK

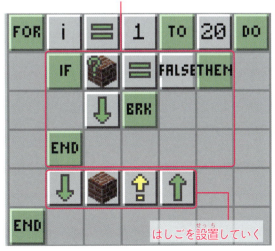

マネしてつくってみよう

第6章 もっともっとトライしてみよう！

5 プログラミングは楽しい！
もっとコンピューターでやってみよう

家の中や町で見かけるいろいろなものの中にはコンピューターが入っているよ！

ぼくも何かつくってみたい！

 コンピューターは身の回りにある！

身の回りにあるいろいろな製品の中にはコンピューターが入っているんだ。

- スマホ　・タブレット
- ゲーム機　・テレビ
- パソコン　・カメラ

全部中にコンピューターが入っているんだワン！

ぜんぜんコンピューターに見えないものもあるのね

ぼくのウチにもたくさんある！

プログラミングは楽しい！

 ## ゲームやアプリは遊ぶだけでなく自分でもつくれる！

君たちがふだん目にするテレビゲームや、アニメーション、音楽、映画、まんがをつくるときにもコンピューターが使われているよ。君もコンピューターでゲームやアニメをつくってみよう。ほかにもコンピューターで設計されているものもたくさんあるよ。ステキなドレスもコンピューターでデザインされているかもね。

 ## プログラミングは世界で一番楽しいゲーム！

すべてのゲームソフトはプログラミングでつくられているんだ。

ゲームが好きな人たちが、いままでのゲームに満足できなくなって、どうしても自分が遊んでみたいゲームをつくりたくなって、プログラミングをしてゲームをつくりはじめたんだ！ ゲームをつくっている人の中にはゲームをつくることが一番楽しいゲームだっていってる人もいるよ。プログラミングはどんなゲームでもつくれる世界一楽しいゲームといえるかもしれないね。

君たちもコンピューターを使って、いろいろなものをつくろう！

 ## これからできるようになるかもしれないこと

これからコンピューターでできるようになるといわれてることがたくさんあるよ。みんなの生活を便利にしたり、楽しくしたりするようないろいろなことができると予想されているんだ。将来こんなことを実現するのは君たちかもしれないね。

- 難しい病気を治す機械
- ビルや家を自動で建てる建築ロボット
- 荷物をどこにでも配達する空飛ぶドローン
- 車の運転をする自動タクシー
- 友達になってくれるロボット
- 宿題を全部やってくれる機械

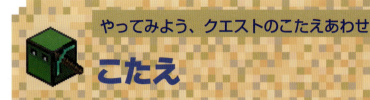

こたえ

やってみよう、クエストのこたえあわせ

ほかにもいろいろな
やりかたでできるワン！

 やってみようのこたえ

2-4 やってみよう「うごかしてみよう！」（P.47）

2-5 やってみよう「3マスほって3マス進む」（P.49）

2-6 やってみよう「石を3つおく」（P.51）

2-7 やってみよう「5×5のかべ」（P.54）

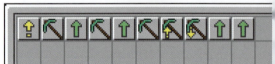

2-8 やってみよう「こんなかたちにほってみよう」（P.56）

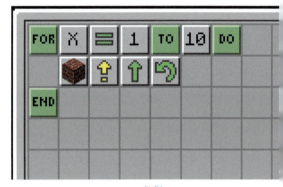

3-7① やってみよう「こんな階段もつくれる！」（P.83）

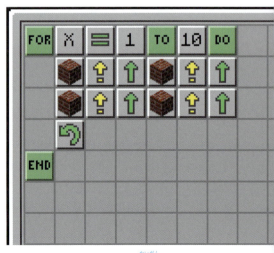

3-7② やってみよう「こんな階段もつくれる！」（P.83）

第2章クエストのこたえ

クエスト1

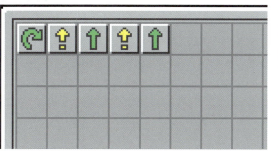

クエスト3

クエスト2

第3章クエストのこたえ

クエスト1

クエスト3

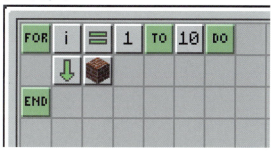

クエスト2

クリアの方法は1つではないワン！

第4章クエストのこたえ

クエスト1

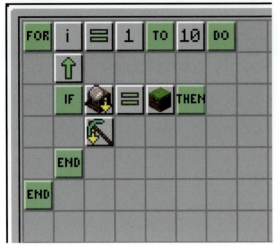

ブロックパネルは「ダイヤモンド鉱石」にするよ

クエスト2

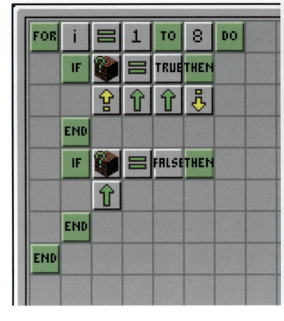

クエスト3

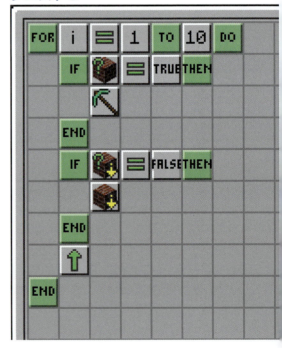

みんなのこたえはどうだった？

第5章クエストのこたえ

クエスト1
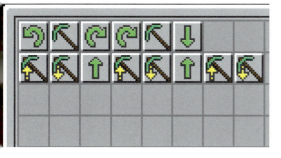

クエスト2
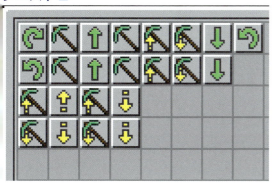

クエスト3
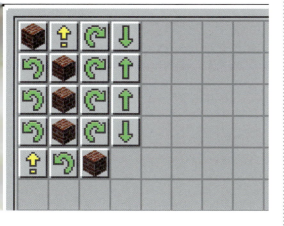

クエスト4

クエスト5
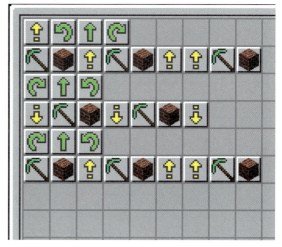

クエスト6
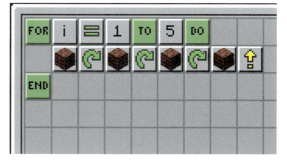

クエスト7
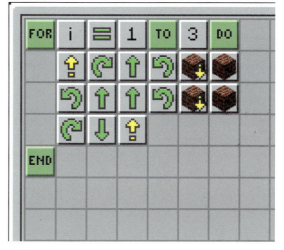

クエスト8

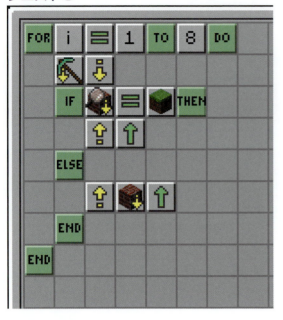

ブロックパネルは「ダイヤモンド鉱石」にするよ

クエスト9

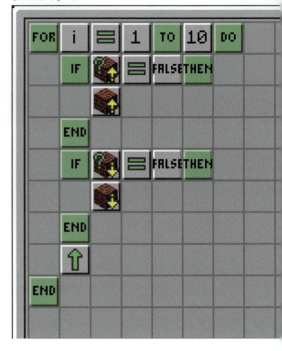

クエスト10

いろんなクエストで力試しができたかな？

この本をやりおえた君へ
おわりに

アイデアを実現する方法は1つじゃない

　プログラミングの世界のことは少しわかるようになったかな？　プログラミングに興味を持ったらもっと難しいプログラミングにもチャレンジしてみよう。でも、プログラミングはあくまで「アイデアを実現する」方法の1つなんだ。

　「アイデアを実現する」方法はほかにもいっぱいあるということ覚えておいてね。

　「こんなことしたいなあ」と想像したとき、それはプログラミングが一番いい方法かもしれないし、紙や木で模型をつくってみてもいいかもしれない。もしかしたらカメラを使って動画をつくってみてもいいかもしれないね。君の「アイデアを実現する」方法は1つじゃないんだ。

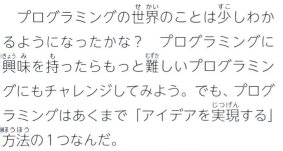

アイデアを実現する力を身につけ、自らの力で行動しよう

　なにか「こんなことやりたいな」と思ったことに対して、プログラミングのような技術はとても大事なことだよ。でも、一番大事なのは、**実現するために何が必要なのか、どうやってそれを実現するのかを自分で考える**ことなんだ。

　プログラミングの勉強を通して、この自分で考える力を身につけよう。自らすべきことを、したいことを考えて、自らの力で行動することができる人になろう。ゲームをつくりたい、アプリをつくりたい、会社をつくりたい、作品を発表したい、困っている人をたすけたい、いろいろな「やりたいこと」を実現するためにこの本で習った考えかたを使ってみよう！

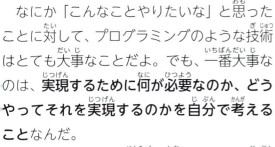

Tech Kids Schoolについて
保護者の方へ

 ### 自ら考えようとする姿勢、やり遂げようとする姿勢をほめてあげてください

　マインクラフトを通じてプログラミングを学ぶことはもちろん大事ですが、それよりも大事なのは、課題に対して自ら考えようとする姿勢や、やり遂げようとする姿勢です。

　できた作品の出来そのものはそれほど重要ではありません。大人の目から見て、面白さがわからない作品であったとしても、自ら考えて作り出すこと、目の前の物事に集中して1つひとつの課題にチャレンジしやり抜くことに価値があるのです。

　マインクラフトはもともと大人から子供まで大人気のゲームですが、ゲームにとどまらない複雑な世界を内包しているため、子供たちはその内容に本気で集中して取り組むことができる素晴らしい教材です。

　本気で集中して、0から100まで自分でやりかたを考え、自分なりのやりかたでゴールすることが素晴らしい価値を持つのです。

　お子さんたちに対しても技術力や頭のよさだけをほめるのではなく、「自ら考えていた」こと、「やり遂げようと努力した」こと自体をほめてあげる、自分の力でゴールしたことをほめてあげることが大事です。

 ### やり遂げられなくても、価値があります

　さらに言えば、やり遂げることも大事ですが、やり遂げられなかった、うまくいかなかった、飽きてしまったとしても、それはそれで問題ありません。「こういったプログラミングの世界があるんだな」「プログラムの世界ってこうなんだ」ということを少しでも感じ取ることができればそれでかまいません。

　もしかするとプログラミングが向いていなかったのかもしれませんし、プログラミングを学びたくなるタイミングではなかったのかもしれません。

　それでも、「こういう世界も世の中にはあるんだ」と知ることを何回もくり返していくことで、子供たちの将来のやりたいことが明確になっていくのです。

マインクラフトプログラミングをもっと勉強するには

　マインクラフトにおけるプログラミングを本書の内容よりももっと勉強したくなったら、より高度な内容にチャレンジしてみましょう。

　本書で解説しているComputerCraftEduに関してはhttp://computercraftedu.com/（英語）にくわしい説明が載っています。

　マインクラフトでのプログラミングをもっと学習したい場合には、ComputerCraftEduのもととなったComputerCraftにチャレンジするのもいいでしょう。ComputerCraftではさらに複雑なプログラムで自由にマインクラフト世界でのプログラミングができます。たとえば、本書では解説しませんでしたが、レッドストーン回路とタートルを組み合わせればより高度なプログラミングを実現することができます。

 ## プログラミングを本格的に勉強したくなったら

　プログラミングの面白さに目覚めたら、マインクラフトプログラミング以外の本格的なプログラミングにチャレンジしてみるのもいいでしょう。HTMLといった言語を使ってホームページを作成してみたり、成果がわかりやすいスマートフォン向けのゲームやアプリを開発するための勉強をしてみたりするのもおすすめです。

　私たちTech Kids Schoolでも、プログラミング学習用ツールScratchを用いたコースから、スマートフォン向けのアプリを開発するコースや、3Dゲームを開発するコースまで幅広く学習できる環境を用意しています。

小学生のためのプログラミングスクール「Tech Kids School」

「Tech Kids School」は、小学生のためのプログラミングスクールです。「アメーバブログ」や「Abema TV」などのインターネットサービスを運営するIT企業サイバーエージェントグループが運営しており、2013年の10月に渋谷で開校しました。現在は渋谷、二子玉川、横浜、名古屋、大阪、神戸、福岡、那覇の8教室で、小学校1年生から6年生まで、1,000人以上の生徒がiPhoneアプリやWebアプリ、ゲームなどの開発を学んでいます。中には、オリジナルのスマートフォンアプリを開発しアプリストアにリリースした生徒や、プログラミングコンテストで受賞した生徒もおり、顕著な学習成果が出ています。

Tech Kids Schoolでは、「ITの力を自分の強みとして活用し、自分のアイデアを自分の力で実現できる人材」を育てるということをビジョンとして掲げています。「プログラミング教育」と聞くと、プログラミング技術を習得するための訓練のようにとらえられがちですが、Tech Kids Schoolでは、プログラミング技術そのものは自分のやりたいことを実現するための1つの手段に過ぎないととらえています。ですから、スクールで学ぶカリキュラムの中には、企画書を書いたり、プレゼンテーションを学んだり、プログラミング以外のことも盛りこまれています。

また、短期間で学べるプログラミング体験ワークショップ「Tech Kids CAMP」も開催しています。プログラミングに興味を持ち、その楽しさを知ってもらうことを目的としており、春休みや夏休みなどの長期休暇を利用して、3日間など短期間でアプリやゲームの開発を体験することができます。本書で紹介しているマインクラフトを用いたプログラミングも、Tech Kids CAMPで体験することができます。

2020年プログラミング必修化に向けてのTech Kids School取り組み

　アメリカやイギリスをはじめ、世界中の国々で小学校からプログラミングを教える動きが広がる中、日本でも2020年から小学校でプログラミング学習を必修とすることが決まりました。

　Tech Kids Schoolでは、各地の小学校・自治体を訪問してのプログラミング出張授業や、大学と連携した研究授業を実施し、プログラミング必修化に向けた教育実践・提言活動を行っています。また、2016年4月には、政府と経済界代表との意見交換会合「第5回未来投資に向けた官民対話」にTech Kids Schoolの校長を務める上野朝大（株式会社CA Tech Kids 代表取締役社長）が出席し、安倍総理、馳文部科学大臣（当時）をはじめとした閣僚にプログラミング教育の重要性について説明を行いました。

出典：首相官邸HP（http://www.kantei.go.jp/jp/97_abe/actions/201604/12kanmintaiwa.html）

著者プロフィール

■ Tech Kids School（テックキッズスクール）
Tech Kids Schoolは、プログラミングを真剣に学びたい小学生のためのスクール。iPhoneアプリやAndroidアプリ、3Dゲームなどの開発を楽しく学ぶことができる。

■ 株式会社キャデック
本の編集・デザインを行う編集プロダクション。創立40年の歴史を持ち、児童書や実用書、教科書などジャンルは多岐にわたる。ビジュアル主体の本の制作には定評がある。

装丁デザイン	加藤 陽子
編集	株式会社キャデック
編集協力	Tech Kids School（鈴木拓・永野亮介・野並将志）
DTP	株式会社シンクス
本文デザイン	株式会社キャデック
本文キャラクターデザイン	稲葉 貴洋

親子で楽しく学ぶ！
マインクラフトプログラミング

2017年 2月27日　初版第1刷発行
2018年 8月10日　初版第4刷発行

著　者	Tech Kids School
編　著	株式会社 キャデック
発行人	佐々木 幹夫
発行所	株式会社 翔泳社
	(https://www.shoeisha.co.jp/)
印刷・製本	株式会社 加藤文明社印刷所

© 2017 Tech Kids School、CADEC Inc.

＊本書は著作権法上の保護を受けています。本書の一部または全部について（ソフトウェアおよびプログラムを含む）、株式会社翔泳社から文書による許諾を得ずに、いかなる方法においても無断で複写、複製することを禁じます。
＊落丁・乱丁はお取り替えいたしますので、03-5362-3705までご連絡ください。
＊本書の内容に関するお問い合わせについては、本書2ページ記載のガイドラインに従った方法でお願いします。

ISBN978-4-7981-4911-0　Printed in Japan